高等院校海洋科学专业规划教材

U0388554

海洋气象学

Marine Meteorology

邱春华　李春◎编著

中山大学出版社

SUN YAT-SEN UNIVERSITY PRESS

·广州·

内容提要

本书是以最新制订的教学大纲为依据，为高等院校海洋科学专业学生编著的一本理论教材。本教材共有十章，每章结合了海洋学和气象学相通的知识点来进行介绍，适合高校有关专业作教材使用。

图书在版编目（CIP）数据

海洋气象学/邱春华，李春编著 . —广州：中山大学出版社，2019.3
（高等院校海洋科学专业规划教材）
ISBN 978 – 7 – 306 – 06577 – 3

Ⅰ. ①海⋯ Ⅱ. ①邱⋯ ②李⋯ Ⅲ. ①海洋气象学—高等学校—教材
Ⅳ. ①P732

中国版本图书馆 CIP 数据核字（2019）第 023824 号

HAIYANG QIXIANGXUE

出 版 人：王天琪
策划编辑：付　辉
责任编辑：付　辉
封面设计：林绵华
责任校对：梁嘉璐
责任技编：何雅涛
出版发行：中山大学出版社
电　　话：编辑部 020 – 84113349，84111997，84110779，84110283
　　　　　发行部 020 – 84111998，84111981，84111160
地　　址：广州市新港西路 135 号
邮　　编：510275　　　　传　真：020 – 84036565
网　　址：http://www.zsup.com.cn　　E-mail：zdcbs@mail.sysu.edu.cn
印 刷 者：广东虎彩云印刷有限公司
规　　格：787mm×1092mm　　1/16　　8.875 印张　　210 千字
版次印次：2019 年 3 月第 1 版　　2022 年 7 月第 3 次印刷
定　　价：42.00 元

总　序

　　海洋与国家安全和权益维护、人类生存和可持续发展、全球气候变化、油气和某些金属矿产等战略性资源保障等息息相关。贯彻落实"海洋强国"建设和"一带一路"倡议，不仅需要高端人才的持续汇集，实现关键技术的突破和超越，而且需要培养一大批了解海洋知识、掌握海洋科技、精通海洋事务的卓越拔尖人才。

　　海洋科学涉及领域极为宽广，几乎涵盖了传统所熟知的"陆地学科"。当前海洋科学更加强调整体观、系统观的研究思路，从单一学科向多学科交叉融合的趋势发展十分明显。在海洋科学的本科人才培养中，如何解决"广博"与"专深"的关系，十分关键。基于此，我们本着"博学专长"的理念，按照"243"思路，构建"学科大类→专业方向→综合提升"专业课程体系。其中，学科大类板块设置基础和核心2类课程，以培养宽广知识面，让学生掌握海洋科学理论基础和核心知识；专业方向板块从第四学期开始，按海洋生物、海洋地质、物理海洋和海洋化学4个方向，进行"四选一"分流，让学生掌握扎实的专业知识；综合提升板块设置选修课、实践课和毕业论文3个模块，以推动学生更自主、个性化、综合性地学习，提高其专业素养。

　　相对于数学、物理学、化学、生物学、地质学等专业，海洋科学专业开办时间较短，教材积累相对欠缺，部分课程尚无正式教材，部分课程虽有教材但专业适用性不理想或知识内容较为陈旧。我们基于"243"课程体系，固化课程内容，建设海洋科学专业系列教材：一是引进、翻译和出版 *Descriptive Physical Oceanography*：*An Introduction*（6 ed）（《物理海洋学·第6版》）、*Chemical Oceanography*（4 ed）（《化学海洋学·第4版》）、*Biological Oceanography*（2 ed）（《生物海洋学·第2版》）、*Introduction to Satellite Oceanography*（《卫星海洋学》）等原版教材；二是编著、出版《海洋植物学》《海洋仪器分析》《海岸动力地貌学》《海洋地图与测量学》《海洋污染与毒理》《海洋气象学》《海洋观测技术》《海洋油气地质学》

等理论课教材；三是编著、出版《海洋沉积动力学实验》《海洋化学实验》《海洋动物学实验》《海洋生态学实验》《海洋微生物学实验》《海洋科学专业实习》《海洋科学综合实习》等实验教材或实习指导书，预计最终将出版40余部系列教材。

　　教材建设是高校的基础建设，对实现人才培养目标起着重要作用。在教育部、广东省和中山大学等教学质量工程项目的支持下，我们以教师为主体，及时地把本学科发展的新成果引入教材，并突出以学生为中心，使教学内容更具针对性和适用性。谨此对所有参与系列教材建设的教师和学生表示感谢。

　　系列教材建设是一项长期持续的过程，我们致力于突出前沿性、科学性和适用性，并强调内容的衔接，以形成完整知识体系。

　　因时间仓促，教材中难免有所不足和疏漏，敬请不吝指正。

《高等院校海洋科学专业规划教材》编审委员会

序

海洋气象学主要研究海洋上大气的物理属性和动力特征，是海洋科学和大气科学之间的一门交叉学科。海洋和大气的相互作用是地球气候系统中最重要的层圈相互作用之一。海洋气象学与人类活动紧密相关。海洋科学起源于航海事业，而航海事业需要海洋气象学知识。随着全球气候变暖，海洋气象灾害发生的频率及强度越来越高，给我国经济社会发展和人民安全带来威胁。另外，海洋航运、国防安全、海洋生态文明建设、海洋经济发展都离不开海洋学和气象学知识的应用。海洋灾害如溢油、藻华等的扩散预报也需要海上气象信息。因此，海洋气象学是一门重要的学科。

早期海洋气象的观测依赖于航海实测，第二次世界大战以后，卫星遥感技术和大型电子计算机的广泛应用开创了海洋气象学发展的新纪元。目前，大洋里大量的锚定浮标、漂流浮标，Argo、Glider 等为海洋观测提供了大量的数据。数值模拟与数据同化等为海洋与气象预报提供了更为准确的依据。

本书的编著者邱春华副教授经中山大学海洋科学学院开设"海洋气象学"课程 4 年后，根据备课、授课、学生反馈等经历，整理出这本《海洋气象学》。由于课程目的是为海洋科学各专业学生介绍海洋和气象的基础知识，因此内容比较精简，知识覆盖面较广但不深，主要包括大气的基本知识以及以海洋为下垫面的气象知识。本教材重点介绍了海洋与大气的基本组成及垂向结构、海气界面热量平衡与大气温度、大气湿度与水循环、大气压强和风、气团和锋面、气旋与反气旋、大气环流、海洋大气边界层、热带海气相互作用、海洋气象预报等基础知识，是学习大气动力学、大气–海洋动力学的一本重要的参考书。

前　　言

海洋科学的发展离不开气象学的发展。海洋环流的很多理论与气象学理论是一致的，海上活动的顺利开展也离不开海上的气象预报信息。

笔者 2002 年在中国海洋大学学习大气科学专业，2006 年在中国科学院南海海洋研究所学习物理海洋学专业，并于 2012 年在日本东北大学获得博士学位。自 2014 年开始，笔者开始承担中山大学海洋科学学院本科生的海洋气象学课程。鉴于海洋科学专业的学生更多接触到的是海洋类基础课程，没有气象学基础，因此，笔者一直思考写一本浅显易懂的面向海洋科学专业学生的海洋气象学教材。在此期间，笔者搜索了大量的文章、网站，也查阅了相关的教材，包括 *Atmospheric and Oceanic Fluid Dynamics*、《航海气象与海洋学》以及《海洋气象灾害》等书，这些资料为本书的编写提供了丰富的素材。

本教材主要介绍海洋气象学的基础知识，内容较为精简，包括一些海洋气象学的基本概念。第 1 章为海气成分及垂向分层；第 2 章为海气界面热量平衡与大气温度；第 3 章为大气湿度与水循环；第 4 章为大气压强和风；第 5 章为气团和锋面；第 6 章为气旋与反气旋；第 7 章为大气环流；第 8 章为热带海气相互作用；第 9 章为海洋大气边界层；第 10 章为海洋气象数值预报基础。教材中也介绍了一些与气象知识相对的海洋知识，如介绍气旋、反气旋时，也介绍了海洋中的涡旋。这有助于海洋科学专业学生更好地接收气象知识。

该书的出版得到中山大学本科精品建设课程项目的支持，也得到了海洋科学学院领导的关心和帮助，谨此表示衷心的感谢。特别感谢中山大学海洋科学学院师生们的大力相助，如苏丹仪、欧阳娟、魏沁宇、林佳莹、左皓晟等。本书第 9 章的编写得到了中国科学院南海海洋研究所王东晓研究员、舒业强、俎婷婷、杨磊、石睿等的指导，第 10 章则主要是由中国科学院南海海洋研究所王强副研究员撰写，在此特别表示感谢。

邱春华
2019 年 2 月

目　　录

第1章　海气成分及垂向分层

99%的大气集中在距离地球表面30 km以内，其中90%的大气位于明亮的区域以下，而70%的大气位于最高云层的顶部以下。从流星与极光最高点推测大气层的厚度达到800 km甚至1 000 km，不到地球直径的1/10。大气的下垫面有陆地和海洋，其中海洋占地球面积的70%，因此海洋与大气的基本特征及相互影响对全球活动具有重要意义。

1.1　大气成分与海水成分

1.1.1　大气成分

大气主要由永久性气体和易变气体组成（见表1-1）。大气中的永久性气体主要是氮气、氧气等。其中，氮气的体积百分比为78.084%，海洋和土壤主要通过细菌和浮游植物等生物的生物作用和肥料工业从大气中吸收氮气，又通过生物腐败作用向大气释放氮气。而氧气的体积百分比为20.946%，海洋和土壤主要通过腐败作用以及呼吸作用从大气中吸收氧气，又通过光合作用向大气释放氧气。大气中的易变气体主要由以下几种组成。

（1）水汽（H_2O）。水汽是大气中变化最大的气体，无色无味。水在大气中以固、液、气三态存在，当水从气态转变成液态或固态的冰时，会释放出大量的潜热，潜热为天气变化的重要能量。水汽是最重要的温室气体（greenhouse gas）。

表1-1　地球大气成分

永久性气体			可变气体			
气体	符号	干空气体积比/%	气体（和粒子）	符号	体积比/%	百万分率/ppm
氮气	N_2	78.08	水蒸气	H_2O	0~4	/
氧气	O_2	20.95	二氧化碳	CO_2	0.037	375*
氩气	Ar	0.93	甲烷	CH_4	0.000 17	1.7
氖气	Ne	0.001 8	一氧化二氮	N_2O	0.000 03	0.3

1

续表 1 – 1

永久性气体			可变气体			
气体	符号	干空气体积比/%	气体（和粒子）	符号	体积比/%	百万分率/ppm
氦气	He	0.000 5	臭氧	O_3	0.000 004	0.047[※]
氢气	H_2	0.000 06	微粒（灰尘、烟尘等）	/	0.000 001	0.01 ~ 0.15
氙气	Xe	0.000 009	含氯氟烃（CFCs）	/	0.000 000 02	0.000 2
注：1. 375[*] 表示每百万个空气分子中有 375 个是二氧化碳分子； 　　2. 0.047[※] 当在高空 11 ~ 50 km 的平流层时，为 5 ~ 12 ppm						

（2）二氧化碳（carbon dioxide，CO_2）。CO_2 主要通过煤的燃烧、火山活动、焚烧植物、呼吸作用、土壤腐败、砍伐森林和 CO_2 蒸发等途径进入大气，通过溶解和光合作用等途径离开大气。从图 1 – 1 可以看到，CO_2 浓度近 5 年来逐年增长，在 2017 年 9 月达到最高值。而 2017 年 9 月平均气温比 1981—2010 年均值高出 0.5 ℃，是历史上平均温度第二高的月份。CO_2 浓度的升高与夏威夷莫纳罗亚火山相关，其火山运动为大气带来了许多 CO_2。另外，人类活动频繁也对 CO_2 浓度升高有影响。

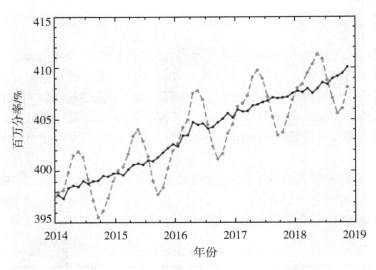

图 1 – 1　夏威夷莫纳罗亚火山近 5 年附近 CO_2 浓度的变化

注：黑线为三年半的平均值，红线为月平均值。引自 https://www.esrl.noaa.gov/gmd/ccgg/trends/。

（3）甲烷（methane，CH_4）。CH_4 是一种温室气体，当全球 CH_4 浓度增加一倍时，全球的气温会升高 0.3 ℃。

（4）氧化亚氮（nitrous oxide，N_2O）。N_2O 也是一种温室气体，当 N_2O 浓度增加一倍时，气温会升高 0.4 ℃。

（5）臭氧（ozone，O_3）。臭氧是地球大气中一种微量气体，在常温常压下，稳定性极差，在常温下可自行分解为氧气。臭氧具有强烈的刺激性，吸入过量对人体健康有一定危害。

（6）悬浮颗粒。悬浮颗粒主要来自人为排放以及自然排放。火山爆发会释放大量颗粒进入大气。

1.1.2　海水成分

海水表面与大气接触，因此会有一部分气体溶解于海水中。气体在大气和海洋之间进行交换，存在着动态平衡。海水中溶解的惰性气体（氮气、氦气、氩气等）不参与生物化学反应，而氧气会受生物化学过程影响。

海水溶解了各种盐分。全球大部分海水的盐度介于 $31 \sim 38$ g/kg 之间。在河口、降水量大、冰川融化等情况下，海水盐度较低。盐度最大的区域为红海，这里蒸发特别大。盐度的单位主要有 psu、g/kg 等。

海水中有大量的化学元素（O、H、Cl、Ca、Mg、S、K、Br、C、S、Sr、B、Si、F），还包含微量元素。这些元素与海洋的形成与演变有关，在海洋中会向海底沉积。因此，海洋中元素的滞留时间对研究海洋有重要意义。不同元素的滞留时间不同（见表 $1-2$）。

表 $1-2$　海水元素的滞留时间

成　　分	滞留时间/年
铁（Fe）	200
铝（Al）	600
锰（Mn）	1 300
水（H_2O）	4 100
硅（Si）	20 000
碳酸盐（CO_3^{2-}）	110 000
钙（Ca^{2+}）	1 000 000
硫酸盐（SO_4^{2-}）	11 000 000
钾（K^+）	12 000 000
镁（Mg^{2+}）	13 000 000
钠（Na^+）	68 000 000
氯化物（Cl^-）	100 000 000

注：引自 https://en. wikipedia. org/wiki/Ocean#cite_ref - uga. 3030_53 - 0。

1.2 垂向结构

1.2.1 大气垂向结构

根据气温、水汽的垂直分布、大气扰动程度和电离现象等不同特点，自下而上将大气分为五个层次：对流层、平流层、中间层、热层和散逸层（如图1-2所示）。

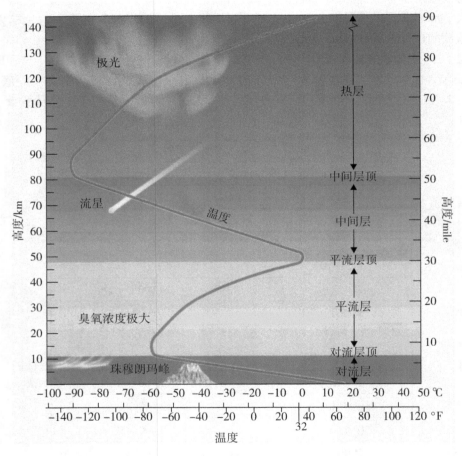

图1-2 大气的垂向分层

注：改自 http://www.faculty.luther.edu/~bernatzr/Courses/Sci123/Chapter01/tempLayers.html。

（1）对流层（troposphere）。下界为地面，上界随纬度和季节变化，平均厚度为 10～12 km。通常在高纬度为 6～8 km，在中纬度为 10～12 km，在低纬度为 17～18 km。夏季对流层的厚度比冬季大。对流层集中了大气质量的 80% 和全部水汽，与人类关系最为密切，大气中几乎所有的物理和化学过程都发生在该层。对流层内气温随高度而降低，平均幅度为 -0.65 ℃/100 m，其具有的强烈对流和湍流运动是引起大气上下层动量、热量、能量和水汽等交换的主要方式。对流层内的气象要素沿水平方向分布不均匀，包括温度、湿度等。

　　根据大气运动的不同特征，通常将对流层分为摩擦层、自由大气和对流层顶。①摩擦层（friction layer）：又称边界层，从地面到 1～1.5 km 高度。其厚度夏季大于冬季，白天大于夜间，大风和扰动强烈的天气大于平稳天气。湍流输送是该层的基本运动特点，该层多涡动，各种气象要素都有明显的日变化。此外，该层水汽、杂质含量多，因而低云、雾、霾和浮尘等出现频繁。②自由大气（free atmosphere）：位于摩擦层以上，摩擦作用忽略不计，大气运动规律比较简单和清楚。自由大气的基本运动形式是层流，气流多波状系统。③对流层顶（tropopause）：厚度为 1～2 km，该层的温度随高度变化呈等温或逆温状态。

　　（2）平流层（stratosphere）。自对流层顶到 55 km 高度之间的大气层。其特点为：空气主要是水平运动；水汽含量少；气温随高度升高而递增（20～40 km 气温突增，形成臭氧层）；气层稳定，有利于飞机飞行。

　　（3）中间层（mesosphere）。自平流层顶到 85 km 高度之间的大气层，又称高空对流层。其特点为：气温随高度增加而迅速下降。

　　（4）热层（thermosphere）。热层的高度为 85～800 km。其特点为：气温随高度增加而迅速上升，空气处于高度电离状态，因此又叫电离层。

　　（5）散逸层（exosphere）。热层顶以上都为逸散层，其厚度可达 3 000 km，是地球大气向宇宙空间逸散的过渡区域。

1.2.2　海水垂向结构

　　与大气一样，海水在垂向上也存在变化。水体结构特别复杂，如图 1-3 所示，海

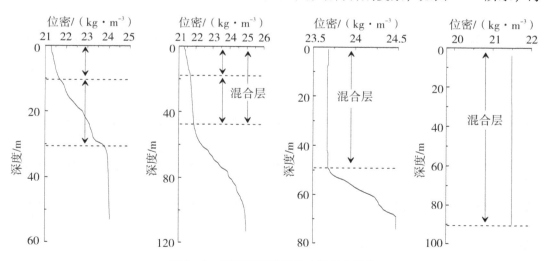

图 1-3　南海陆架浅海位密的垂向结构

注：观测时间从左到右分别为 2006 年 7 月 21 日，2006 年 8 月 21 日，2014 年 3 月 21 日，2013 年 12 月 21 日。摘自 Qiu 等，2019 年。

水在不同情况下存在不同类型的垂向水体结构。根据海水的密度，典型的大洋水体垂向上可分为三层：混合层、密跃层和底层（如图 1 - 3a 所示）。在热带及副热带海域海洋上层薄薄的一层中，海水密度垂向接近均匀，称之为混合层。海水和大气之间的动量、热量、物质交换主要在这一层。

在混合层以下，密度急剧增大，称之为密跃层。密跃层的深度与厚度随季节变化而变化，同时，在不同的地点，密跃层深度也不一样。在高纬度区域海水密度垂向几近均匀。

密跃层之下的海水被称为底部水。在底部水体也存在一个垂向均匀的混合层。

参考文献：

［1］ QIU C H, HUO D, LIU C J, et al. Upper vertical structures and mixed layer depth in the shelf of the morthern South China Sea ［J］. Continents Shelf Research, 2019, 174: 26 – 34.

第2章　海气界面热量平衡与大气温度

海洋与大气界面存在能量、热量及物质交换。本章将介绍海气界面的热量交换。表征热量的参数为温度，下面将介绍气温与海水温度。

2.1　海气界面热量平衡

2.1.1　辐射能量

全球温度的变化与太阳辐射息息相关。自然界中凡温度高于绝对零度的物体均以电磁波（辐射）的方式进行能量交换。如图 2-1 所示，电磁波按其波长分为紫外射线、可见光、红外线、微波、无线电波等。温度高的物体，辐射强，表现为短波；温度低的物体，辐射弱，多为长波。太阳表面温度约为 6 000 K，辐射波长为 0.15 ~ 4 μm，是短波辐射。地面和大气的温度约为 300 K，辐射波长为 4 ~ 120 μm，是长波辐射。太阳辐射是地球和大气的唯一能量来源。物体因放射辐射消耗内能而使本身的温度降低，同时又因吸收其他物体放射的辐射能并转变为内能而使本身的温度增高。

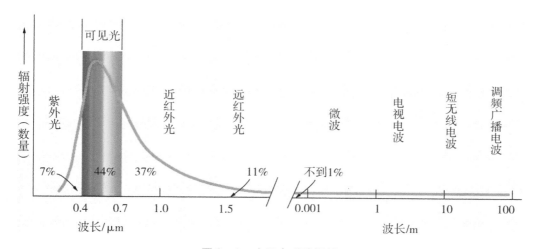

图 2-1　太阳电磁波辐射

注：改自 http://www.faculty.luther.edu/~bernatzr/Courses/Sci123/Chapter02/09.jpg。

地面/海面在吸收太阳辐射的热后，会向天空放出地面辐射，这些辐射能量可被大气中的水汽、二氧化碳、液态水等吸收（如图2-2所示），而这些气体把辐射吸收后会防止辐射进入太空，属于温室气体。但波长在8～12 μm范围的能量不会被吸收，因而出现了地面能量散失的渠道，称大气窗。大气窗在遥感探测方面具有重要意义。

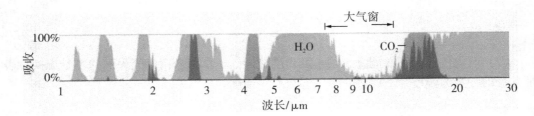

图2-2 大气窗

注：改自"NASA：Climate Forcings and Global Warming"，January 14，2009。

全球太阳辐射平衡如图2-3所示，太阳短波辐射到达地面，地球表面通过长波辐射、感热、潜热等形式释放热量。在热量传输过程中，云也起到至关重要的作用。大气受热的主要直接热源是由地球表面（陆地和海洋）决定的。

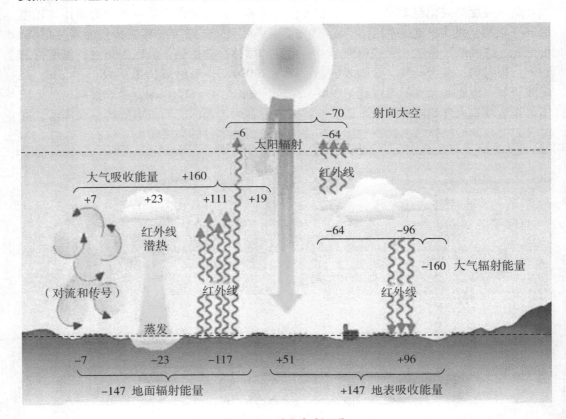

图2-3 太阳辐射平衡

注：改自http://www.faculty.luther.edu/～bernatzr/Courses/Sci123/Chapter02/16.jpg。

地球表面会对太阳短波辐射进行反射，在不同的下垫面，太阳短波辐射的反射或散射率是不同的。云量不同，反射率也不同。假设单位面积地面上空总入射的太阳辐射为 Q_t，物体总的辐射能量与温度之间满足斯特藩-玻尔兹曼定律：

$$Q_t = \sigma T^4 \tag{2.1}$$

假设反射率为 α，那么被地球表面接收的辐射通量为

$$Q_s = Q_t \times (1 - \alpha) \tag{2.2}$$

云发出的长波辐射为

$$Q_c = \sigma T_c^4 \tag{2.3}$$

其中，T_c 为云的温度。因此，地球表面吸收的总能量为

$$Q_s = Q_t \times (1 - \alpha) + Q_c \tag{2.4}$$

而地球本身发出的长波辐射为

$$Q_b = \sigma T_s^4 \tag{2.5}$$

T_s 为地球表面温度。

2.1.2　潜热与感热

感热是由物体本身温度不同而引起的热量交换，不同空气之间，空气与海水之间都会存在感热。感热是热传导的一种形式，主要的传导过程包括分子热量传导和涡动扩散。对分子形态，感热通量 Q_h 表示为

$$Q_h = -c_p k \frac{\Delta T}{\Delta z} \tag{2.6}$$

k 为热量的分子传导率，c_p 为恒定压力下大气比热，$\frac{\Delta T}{\Delta z}$ 为气温的垂向梯度。

对涡动扩散，其感热通量为

$$Q_h = \rho_a c_{p,a} w' T' \tag{2.7}$$

其中，w' 与 T' 代表大气的垂向速度和温度的湍流脉动，ρ_a 为空气密度，$c_{p,a}$ 为恒定压力下干空气比热。

潜热主要是由水的相变引起的热量变化过程。水有三种形态，当水由固态变为液态，或液态变成气态时，或直接由固态升华为气态时，需要在周围环境中吸收热量，反之则释放热量。

潜热通量可由下式给出：

$$Q_e = \rho_a L_e w' q' \tag{2.8}$$

q' 为水汽混合率，L_e 为蒸发潜热，海水的蒸发潜热为

$$L_e = \left[(2.501 - 0.00237 T_s) \times 10^6 \right] \text{ J/kg} \tag{2.9}$$

海气界面感热通量即为海气温差引起的热量交换，可以由大气传给海洋，也可以由海洋传给大气；而潜热通量是由海洋表面的水蒸发引起的，海洋加热大气引起水变为水汽分子，因此，潜热通量基本是由海洋传给大气的。

2.1.3　海气界面热量平衡

海气界面净热通量可表达为

$$\Delta Q = Q_s - Q_b - Q_e - Q_h - Q_v \tag{2.10}$$

右边五项分别为来自太阳的短波辐射，净的海洋长波辐射，潜热通量，感热通量，海洋热量传送。其中，海洋热量传送包含水平的平流以及垂向的平流。

假定长期平均来讲，全球热量平衡，则 $\Delta Q = 0$。对短时间变化来讲，净的辐射通量会有所变动。

2.1.4　海洋上层海水温度变化

温度是表示物质冷热程度的物理量。空气的冷热程度，实质上是反映空气分子运动的平均动能。当空气获得热量时，其分子运动的平均速度增大，平均动能增加，气温升高；反之，当空气失去热量时，其分子运动平均速度减小，平均动能随之减少，气温就降低。称温度的数值表示法为温标，常用的温标有以下三种：

（1）摄氏温标 t（单位为℃）。把水的冰点温度定为 0 ℃，沸点为 100 ℃，多数非英语国家使用。

（2）华氏温标 F（单位为℉）。水的冰点温度定为 32 ℉，沸点为 212 ℉，部分英语国家使用。

（3）热力学温标 T（开氏温标，单位为 K）。水的冰点温度定为 273 K，沸点为 373 K（由英国物理学家开尔文提出），多用于理论计算。

上述三种温标的关系为

$$t = \frac{5}{9}(F - 32) \tag{2.11}$$

$$T = 273.15 + t \tag{2.12}$$

温度的变化与热量之间满足热功当量关系，单位体积海水的热量变化为

$$\Delta Q = \rho c_p \Delta T \tag{2.13}$$

其中，ρ 为海水密度，c_p 为比热常数。不同的物质，其比热容不同，其中水的比热约等于 4.184 0 J/(g·K)，而大气的比热约为 1.001 2 J/(g·K)。

海水的温度变化可以结合方程（2.10）与方程（2.13）给出。

2.2　气温

气温是大气的重要状态参数之一，是天气预报的直接对象。气温的分布和变化与气压场、风场、大气稳定度以及云、雾、降水等天气现象密切相关。

2.2.1　气温的变化要素

局地气温的变化（增热和冷却）受下垫面的影响很大。下垫面与空气之间的热量

交换途径有以下几种：

（1）热传导（conduction）。空气与下垫面之间，通过分子热传导过程交换热量，又称感热。地面和大气都是不良的热导体，热传导过程仅在贴近地面几厘米以内明显，故通常不予考虑。不同物质的热传导系数不同（表 2 - 1），空气的热传导系数比较低，为 0.023 W／（m·℃）。

表 2 - 1　物质的热传导系数

物　　质	热传导系数/[W/(m·℃)]
静止空气	0.023（20 ℃）
木材	0.08
干土	0.25
水	0.60（20 ℃）
雪	0.63
湿土	2.1
冰	2.1
砂岩	2.6
花岗岩	2.7
铁	80
银	427
注：1. 热导率表示物质由于分子运动而传导热的能力； 　　2. 瓦特（W）是功率单位，1 W = 1 J／s，1 J = 0.24 cal	

（2）辐射（radiation）。地气系统热量交换的主要方式。地面吸收太阳短波辐射，放射出长波辐射加热大气。如白天辐射增温，夜间辐射冷却。

（3）水相变化。水有液态、气态和固态之间的变化。液态水蒸发，吸收热量；水汽凝结放出热量。一般下垫面水蒸发，吸收热量，上空水凝结放出热量，从而通过水相变化将下垫面的热量传给上层大气。潜热是海洋上大气热量变化、海气之间热量交换的主要组成部分。

（4）对流（convection）。一般将垂直运动称为对流，对流分热力对流和动力对流。由空气受热不均引起的有规则的暖湿空气上升、干冷空气下沉，称为热力对流。由动力作用造成的对流运动，称为动力对流，如空气遇山爬升等。

（5）平流（advection）。某种物理量的水平输送被称为平流，它是大气中异地间热量传输的最重要方式，具有范围大，持续时间长的特点，如温度平流、湿度平流等。

（6）湍流（turbulence）。又称乱流，是空气不规则的运动。湍流是摩擦层中热量、能量和水汽交换的主要方式。

综上所知，空气与下垫面之间的热量交换是通过多种途径进行的。通常，地面与大气之间的热量交换以辐射为主，湍流和水相变化次之；而在海气界面，水相变化非常重要。

各地空气之间的热量交换以平流为主。上下层空气之间的热量交换以对流和湍流为主。

2.2.2　气温的时空变化

因为大气的热量主要来自下垫面，所以气温具有与下垫面温度类似的周期性变化，如午热晨凉、冬寒夏暖。

2.2.2.1　气温的时间变化

从时间上来讲，气温具有日变化、月变化、季节内变化、季节变化、年际变化、年代际变化、气候变化等。

气温具有日变化特征。日变化是指一天中气温有一个最低值和最高值。陆地上最低气温出现在日出前，最高气温夏季出现在 14 ～ 15 时，冬季出现在 13 ～ 14 时。海洋上最高气温的出现滞后陆地 1 ～ 2 小时。

气温的日较差为一日中最高气温与最低气温之差，其大小与纬度、季节、下垫面性质、海拔高度及天气状况有关，一般有低纬＞高纬，陆上＞海上，夏季＞冬季，晴天＞阴天，低海拔＞高海拔。如吐鲁番海拔为 - 154 m，日较差大。

气温的年变化是指一年中月平均气温有一个最高值和一个最低值。在陆地上，北半球的最高气温出现在 7 月，最低气温出现在 1 月。南半球的最高气温出现在 1 月，最低气温出现在 7 月。而海洋的气温变化比陆地滞后 1 个月，即最高气温出现在 8 月，最低气温出现在 2 月（北半球）。

气温的气候变化是指气温在气候平均状态随时间的变化。图 2 - 4 为全球平均地表气温与海表面温度距平的变化，变化是相对于 1961—1990 年的平均值，可以看出在 1970—2015 年间，全球地表气温升高了 1.3 ℃，海表温度升高了 0.5 ℃。

2.2.2.2　气温的空间分布

（1）气温的水平分布。

图 2 - 5 为 1961—1990 年的全球平均气温图。海平面平均气温从赤道向高纬递减，南半球等温线大约与纬圈平行，北半球由于海陆分布不均匀，等温线不与纬圈平行。全球平均气温为 14.3 ℃，极端最高气温为 63 ℃（索马里），极端最低气温为 - 94 ℃（南极附近）。

（2）气温的垂直分布。

气温在不同层中的变化趋势在图 1 - 2 中标示出。其中，在对流层中，气温随高度增加而降低。气温随高度递减的快慢可用气温垂直递减率 γ 表示：

$$\gamma = -\frac{\Delta T}{\Delta Z} \tag{2.14}$$

式中，ΔT 表示当高度增加 ΔZ 时，相应的气温变化量。ΔZ 的单位通常取 100 m，负号表示气温随高度增加而减小。通常 $\gamma > 0$，当 $\gamma = 0$ 时表示等温，当 $\gamma < 0$ 时表示逆温。逆温即在某一气层中，气温随高度增加而升高。

（3）气温对人体的影响。

研究指出，人体对周围温度的感觉与介质是大气还是水有关。在大气中，当气温为 28 ～ 29 ℃时，人体皮肤不感温，这个温度被称为生理零度。人体皮肤对气温的感觉是：

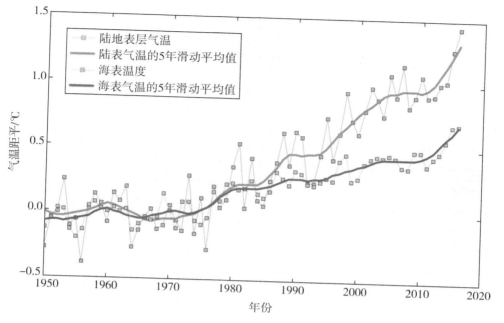

图 2-4　全球平均气温距平的变化

注：黄线为陆地表层气温，蓝线为海表温度。平滑的红线与蓝线为陆表气温与海表气温的 5 年滑动平均值。改自 https://data.giss.nasa.gov/gistemp/graphs/。

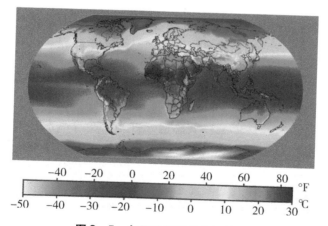

图 2-5　年平均气温的空间分布

注：改自 https://en.wikipedia.org/wiki/Temperature#/media/File:Annual_Average_Temperature_Map.jpg。

低于 25 ℃时有冷感，25 ～ 28 ℃时有温感，高于 29 ℃时有热感。

　　人体的感温还与风速有关，风速越大，感温越低，风速约在 33 kn 时人体感温达最低值。当气温为 5 ℃时，3 级风时感温在 0 ℃左右。6 级风对裸露的肌肤的作用相当于 -12 ℃的温度；同样风速，当气温为 -5 ℃时，对裸露的肌肤的作用相当于静风条件下 -23.3 ℃，这时只需 1 分钟即可造成冻伤。

2.3 观测

2.3.1 辐射观测

太阳辐射包括太阳短波辐射、散射、长波辐射等。通常对辐射的观测都是以测定吸收辐射能所产生的热量为基础的。使用的辐射传感器一般为热电型，传感器由感应面和热电堆组成。当感应面吸收太阳辐射时，热电堆产生电动势。辐射强度越强，热电堆两边的温差越大，输出的电动势也就越大，它们之间的关系近似线性，因此可以根据电动势推算出辐射强度。辐照度 E 是在单位时间内投射到单位面积上的辐射能，即观测到的瞬时值。

测量太阳直接辐射的仪器利用的就是上述原理。先把导线与电流计接通，对准太阳光读出仪器遮蔽时的电流计读数 N_0，再打开遮光筒盖子，使太阳辐射落到感应面上，读出电流计读数 N_1，则太阳直接辐射强度为 $I = K(N_1 - N_0)$，其中，K 为仪器常数。太阳散射辐射则是用遮光环遮住太阳的直接辐射，感应器感应的是天空散射辐射。

净全辐射由净辐射表测量。它是由两个上下感应面与热电堆组成。上下两个感应面接收到不同的辐射量，会使热电堆上下端产生温差，测量热电堆输出的电讯号，换算后即可得出净辐射。

根据不同的辐射波长，净全辐射感应器用薄膜罩保护，长波辐射感应器用硅单晶玻璃罩保护。

2.3.2 温度的测量

温度的测量有直接接触式和非接触式。

（1）液体温度计。玻璃液体温度表感应元件是一个充满液体的玻璃球，示度部分为玻璃毛细管。当温度变化时，液体柱高度发生变化，因此液体柱高度即指示温度的数值。

气温计里的最高温度表和最低温度表即为玻璃液体表式。最高温度表是水银温度表。升温时，球内部水银膨胀，被挤进毛细管内；降温时，毛细管内的水银不能通过狭缝回到球部，水银柱在此中断。最低温度表内装透明酒精，游标悬浮在毛细管中。指示的温度只降不升，远离球部的一端将指示出一定时段的最低温度。

海洋表面温度计和颠倒温度计利用的是液体温度计原理，其局限是只能通过接触式采取表层温度数据，颠倒温度计只能在停船时使用。

（2）热电式温度计。热电偶温度计是将两种不同的金属导体焊接在一起，构成一个闭合回路。若两个接触点温度不同，回路中就会产生电流，称此现象为热电现象。在大气中，热电偶温度计灵敏度高，稳定性好，焊接方便，成本低。

海洋电子式测温度的仪器主要有温盐深仪（CTD），可以测得海水的温度、盐度、深度等信息，还可以测得海水的垂向温度变化，具有极高的准确率和分辨率。

（3）非接触式。非接触式主要以遥感方式测量大气/海洋温度，包括超声温度计、红外线辐射计、微波辐射计、声学测温雷达。卫星遥感大气、海洋温度已成为现今海洋、气象预报的重要部分。

第3章 大气湿度与水循环

3.1 大气湿度

3.1.1 大气湿度基本概念

大气湿度（humidity）是度量空气中水汽含量多少的物理量。表示湿度的参数主要有绝对湿度、比湿、混合比、水汽压、相对湿度、饱和差、露点温度等。

（1）绝对湿度。是指单位体积湿空气中含有的水汽质量，常用单位为 g/m^3。

（2）比湿（specific humidity）。水汽重与空气总重（含水汽重）之比（g/kg）。比较不同纬度的比湿平均值，可发现高值在热带地区，低值在极地。

（3）混合比。水汽重与干空气重（不含水汽重）之比（g/kg）。

（4）水汽压。大气压强是大气中各种气体成分的分压的总和，主要由氧气、氮气和水汽的分压组成，即 $P = P_{N_2} + P_{O_2} + P_{H_2O}$。在海平面，大气压强约等于 1 000 mb，因为 $N_2 : O_2 : H_2O = 78 : 21 : 1$，所以实际水汽压等于 10 mb。水汽压也是表征大气湿度的一个参数。

饱和水汽压指空间内所含水汽在该温度保持无凝结现象所能产生的最大压力。温度越高，饱和水汽压越高（见表 3-1）。

饱和水汽压公式为

$$E = 6.1121 e^{\frac{17.67t}{243.5+t}} \tag{3.1}$$

其中，E 为饱和水汽压，t 为干球温度（摄氏温标）。

表 3-1 不同气温下水面的饱和水汽压

空气温度/℃	饱和水汽压/mb	空气温度/℃	饱和水汽压/mb	空气温度/℃	饱和水汽压/mb
-18	1.5	7	10.2	32	48.1
-15	1.9	10	12.3	35	56.2
-12	2.4	13	14.8	38	65.6
-9	3.0	16	17.7	41	76.2

续表 3-1

空气温度/℃	饱和水汽压/mb	空气温度/℃	饱和水汽压/mb	空气温度/℃	饱和水汽压/mb
-7	3.7	18	21.0	43	87.8
-4	4.6	21	25.0	46	101.4
-1	5.6	24	29.6	49	116.8
2	6.9	27	35.0	52	134.2
4	8.4	29	41.0	—	—

（5）相对湿度。相对湿度是最常用的湿度表示法，表示空气距饱和的程度。干空气的相对湿度为0，饱和空气的相对湿度为100%。

相对湿度又通常以水汽压表示：

$$RH = （实际水汽压／饱和水汽压）× 100\% \tag{3.2}$$

如图 3-1 所示，当空气中的水汽含量不变时，若气温升高，空气饱和水汽压增大，相对湿度反而降低；反之，若气温下降，空气饱和水汽压减小，相对湿度反而升高。若一天当中水汽含量改变不多，则气温为调控相对湿度的主因。值得注意的是，云区的相对湿度是饱和的，降雨区的相对湿度是不饱和的，而且干空气的比重大于湿空气。

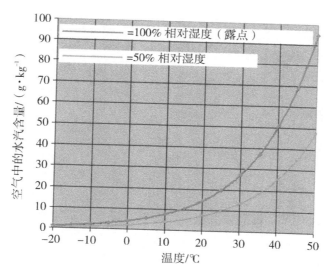

图 3-1 水汽含量随温度的变化

注：改自 https://en.wikipedia.org/wiki/Relative_humidity#See_also。

由图 3-1 可知，假设户外空气达到水汽饱和时的温度为 10 ℃，此时空气中的水汽含量充足，相对湿度 $RH = (8\ g \cdot kg^{-1})/(8\ g \cdot kg^{-1}) × 100\% = 100\%$；若到了中午，气温上升到了 30 ℃，空气中的水汽含量不变，则相对湿度变为 $RH = (8\ g \cdot kg^{-1})/(28\ g \cdot kg^{-1}) × 100\% = 29\%$。

（6）饱和差。在一定温度下，饱和水汽压与空气中实际的水汽压之差为饱和差，一般用 d 表示。$d = E - e$，E 为饱和水汽压，e 为空气中的实际水汽压。饱和差越大，说明空气中水汽含量越少。

（7）露点温度。若上述空气的水汽条件不变，当温度下降到 10 ℃时水汽会再度饱和，则称 10 ℃为露点或露点温度。露点温度是指当空气中水汽含量不变、气压保持一定时，气温下降到使空气达到饱和时的温度，也为空气冷却至产生露的温度，即 $RH = 100\%$ 的温度，露点温度可用 T_d 表示。因为各地大气压力变化不大，所以露点成为衡量空气中水汽含量的很好的指标，露点高代表水汽含量高，反之则低。露点温度越低，辐射冷却作用越强，夜间期望温度越低。露点与时空的关联性往往很强，夏季与冬季的分布往往存在差异，冬季是海洋高，大陆低，夏季则相反。在纬度上表现为由赤道向两级递减。

根据气温与露点温度的差距 $T - T_d$ 可判断 RH 的高低，差距越大则 RH 越低，若差距为零，则表示 $RH = 100\%$。在某些情况下，干空气也有很高的 RH。例如，北极空气 $RH = 100\%$，但其空气是很干燥的，其比湿或混合比远低于沙漠，虽然沙漠的 $RH = 16\%$。气温降到露点，是水汽凝结的必要条件。

3.1.2 人体对湿度的反应

人类主要对相对湿度，而不是绝对湿度有反应，其主要原因是人体的反应和水分的蒸发有关，而水分的蒸发与相对湿度直接相关。在炎热的条件下，人主要通过汗水的蒸发来散发热量。当环境的相对湿度高时，蒸发困难，热量难以散发，人感觉到闷热。在冬天，环境的相对湿度较低，皮肤水分蒸发很快，容易出现皮肤干裂的现象。

3.2 水汽凝结

3.2.1 水汽凝结条件

水相变化有六种形式，即蒸发、凝结、冻结、溶解、凝华与升华。在相变过程中，伴随着潜热能量。其中，蒸发、溶解、升华为吸收潜热过程，凝结、冻结、凝华为释放潜热过程。

当空气的实际水汽压小于饱和水汽压时，发生蒸发；当实际水汽压大于饱和水汽压时，发生凝结。

描述蒸发强弱的量有蒸发量和蒸发速率。蒸发量是指因蒸发而消耗的水量，以水层厚度（单位：mm）表示。蒸发速率是指单位时间从单位面积上蒸发出来的水分质量，单位为g $/(cm^2 \cdot s)$。

空气中水的凝结一方面需要空气达到饱和状态，即 $e > E$，另一方面必须具有凝结核。空气达到饱和可以通过增加空气中水汽含量和降低气温等实现，凝结核是必须要有吸湿性、可作为水汽凝结核心的微粒。

3.2.2 水汽凝结现象

若很薄一层空气接触地面冷却，水汽会凝结形成露，若露点在冰点以下则结成霜。若较厚的一层空气整个饱和，在近地面则凝结成雾，在较高处则凝结成云。

3.2.2.1 雾

雾的形成主要有两种原因，一是冷却作用，二是蒸发与混合作用，蒸发可以使空气中的水汽增加及湿空气与干空气混合。根据形成原因，可以将雾分为以下五种。

（1）辐射雾。辐射雾一般发生在秋冬季节晴朗无云的夜晚，并且风速很弱，地面空气相当稳定，且水汽充分，由于地面辐射迅速冷却，这将使低空中水汽冷却而凝结成小水滴。这种雾一般晚上出现，太阳出来后消散。

（2）平流雾。平流雾主要是由空气的水平流动引起的，当暖湿空气流经较冷海面或陆地时，地层空气因遇冷而凝结形成雾。只有当风停止，或者风向转变时，雾才会消散。

（3）上坡雾。上坡雾是由湿空气在沿地势往山坡运动过程中冷却形成的。

（4）平流辐射雾。平流辐射雾是由平流和辐射两种作用共同作用形成的。

（5）锋面雾。锋面雾发生在锋面附近，是冷空气位于近地面，自云端下降遇冷凝结而形成的雾。

3.2.2.2 云

水汽凝结物悬浮在自由大气中形成云。云中的水滴比雾中的大。根据云底的高度，可以将云分成低云、中云、高云。分类见表 3 - 2。

表 3 - 2 云的分类

云族	云属	
	学名	简写
低云	积云	Cu
	积雨云	Cb
	层积云	Sc
	层云	St
	雨层云	Ns
中云	高层云	As
	高积云	Ac
高云	卷云	Ci
	卷层云	Cs
	卷积云	Cc

云量是指遮蔽天空视野的成数。将全部天空划分为 10 份，被云所遮蔽的份数即为

云量。若天空无云，则云量为0；若天空一半被云覆盖，则云量为5。

3.2.2.3 降水

降水量是指从大气降落到地面的未经蒸发、渗透、流失而在水平面上积聚的水层厚度。单位为毫米（mm），有日降水量、旬降水量、月降水量、年降水量等。

降水强度是指单位时间内的降水量，单位可以为 mm/10 min，mm/h，mm/d。根据降水强度，降雨可以分成小雨（0.1～10 mm/24 h）、中雨（10.1～25 mm/24 h）、大雨（25.1～50 mm/24 h）、暴雨（50.1～100 mm/24 h）、大暴雨（100.1～200 mm/24 h）、特大暴雨（大于200 mm/24 h）。

云和降水关系密切。云滴一般是半径小于100 μm的水珠，标准半径为10 μm；而雨滴是半径大于100 μm的水滴，标准雨滴半径为1 000 μm。降水就是云滴增大为雨滴、雪花或其他降水物，并降至地面的过程。当蒸发时云滴会变小，而凝结会使云滴增大。云滴也可以通过两个或两个以上的水滴相碰合并增大。

根据降水的形成条件，可以通过投放干冰、撒盐粉等方式进行人工降雨。

3.3 水文循环

水分子有气态、液态和固态三种状态。如图3-2所示，水循环是指地球上不同地方的水，通过吸收太阳的能量，改变状态到地球上另外一个地方。水循环主要包括蒸发、蒸散、凝结、降水四个过程。其中，陆地水汽总蒸发与蒸散量占15%，海上蒸发量占85%。陆上降水量大于蒸发量，蒸发量不足的部分由海上蒸发量补充。全球大气水汽含量为2.5 cm，水循环平均周期为9天，年降水量为85.7 cm。

图3-2　水文循环

注：改自 http://ga.water.usgs.gov/edu/watercycle.html。

在海洋内部，水量平衡主要由蒸发与降水的关系决定：

$$\Delta S = P + R - E \tag{3.3}$$

其中，ΔS 为水量的变化，P 为海洋的降水量，R 为径流量，E 为蒸发量。

降水量的变化会引起海水盐度的变化。而海水盐度的变化会影响海水密度，导致海洋环流变化。

3.4　相关的观测

3.4.1　大气湿度测量

（1）干湿球湿度表。由一对并列装置的、形状完全相同的温度表组成，其中一支用来测量气温，称为干球温度表，另一支包有蒸馏水浸透的脱脂纱布，称为湿度温度表。可以根据干湿球的温度差，计算出环境湿度。湿球与干球温度表之差值称为湿球差值（wet-bulb depression），差值越大代表蒸发作用越强，空气的 RH 越小；反之，差值越小代表 RH 越大，水汽越饱和。

（2）露点仪。露点仪由感应器、热控装置和凝结观测装置组成。空气通过一个光洁的金属镜面时等压降温，直到镜面上出现露，这瞬间的镜面温度，就是露点温度。

（3）毛发湿度表。利用脱脂人发具有空气潮湿时伸长，干燥时缩短的特性，制成毛发湿度表或湿度自记仪器。

（4）电学湿度表。碳膜湿度片利用吸湿膜片的电阻值随湿度变化而改变的原理，主要有碳膜湿敏电阻、氯化锂湿度片两种。

上述仪器均可用来测量大气湿度，另外还可采用光学湿度法、实验室称重法等。

3.4.2　降水观测

降水主要观测降水量、降水强度和降水时数。主要观测仪器有雨量器、虹吸式雨量计、翻斗式雨量计、双阀容栅式雨量传感器等。

雨量器由雨量筒、雨量杯组成。雨量筒用于承接降水量，包括承水器、储水瓶和外筒；雨量杯用于测量降水量。雨量器安装时要保证承接口保持水平，尽量选在避风处。每天 8 时、20 时进行记录。

雨量计能连续记录降水量和降水时间。虹吸式雨量计包括承接口、漏斗、自记系统（自计钟、自记纸、自记笔）、浮子、浮子室、虹吸管、盛水器等。当有降水时，降水从承接口经漏斗进入浮子室。降水使浮子上升，带动自记笔在钟筒自记纸上画出记录曲线。

翻斗式雨量计的原理是，降水从承接器进入上翻斗，当计量翻斗里汇集水量达 0.1 mm 时，计量翻斗翻转一次，送出一个信号，实验室内的记录器记录一次。这种雨量计可以进行遥测。

3.4.3　蒸发的观测

蒸发器主要由蒸发筒、水圈、溢流桶、测针组成。观测时，调整测针针尖，使其与水面恰好相接，然后从游标尺上读出水面高度。蒸发量等于前一天的水面高度加上降水量减去测量时的水面高度。

蒸发自动测量传感器由超声波传感器和不锈钢圆筒组成。根据超声波测距原理，选用超声波探头对蒸发器内水面高度变化进行监测，转换成电信号输出，并配置温度校正部分。

参考文献：

[1] 刘健文，郭虎，李耀东，等. 天气分析预报物理量计算基础 [M]. 北京：气象出版社，2005.

[2] 周淑贞，张如一，张超. 气象学和气候学 [M]. 北京：高等教育出版社，1997.

[3] 叶安乐，李凤歧. 物理海洋学 [M]. 青岛：中国海洋大学出版社，1992.

第 4 章　大气压强和风

4.1　大气压强

气压是作用在单位面积上的大气压力。由于越往高处，空气越稀薄，即其上方的空气越少，故气压随高度递减。用标准气柱解释空气与气压的流动：假定在标准气柱中，空气密度不随高度改变，气柱宽度维持不变，当相同密度的大气塞入气柱时，气压上升；若从气柱中移出一部分空气，则气压下降。

4.1.1　气压的空间分布

4.1.1.1　气压的垂向分布

理想气体状态方程，也称理想气体定律，是描述理想气体状态变化规律的方程。质量为 m、摩尔质量为 M 的理想气体，其状态参量压强 p、体积 V 和绝对温度 T 之间的函数关系为 $pV = \dfrac{mRT}{M} = nRT$（$n$ 为物质的量），用密度表示该关系为 $pM = \rho RT$（ρ 为密度）。可以看出，气压为空气密度与温度的函数，即 $p \sim \rho T$；当气温为常数时，$\rho \sim p$，即气压高，空气密度高；当气压为常数时，$\rho \sim 1/T$，即温度高，空气密度低。

随着高度的升高，空气密度降低，因而大气压强也降低。大气压随高度的变化如图 4-1 所示。

4.1.1.2　气压的空间与时间分布

气压具有明显的水平变化。图 4-2 揭示了全球 15 年平均的海平面气压分布。陆地上海平面气压夏季较低，而冬季较高；海洋上夏季较高，冬季较低。

若无风暴经过的影响，由局地长期间记录气压可得一天之内气压的平均演变具有明显的日周期变化，或半日周期变化。出现这样的日变化的原因有两个：第一个是太阳对大气的增暖与冷却效应，使大气膨胀与收缩，气压随之降升；第二个是月球引力作用，如潮汐作用，气压会产生约 12 小时的振荡期。

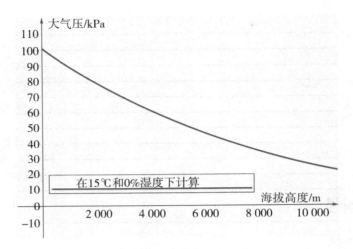

图 4-1 大气压的垂直变化

注：引自 https://en.wikipedia.org/wiki/Atmospheric_pressure。

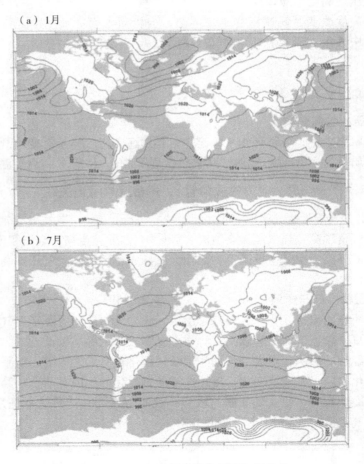

图 4-2 2015 年平均的海平面气压分布

24

4.1.1.3 温度与气压配置系统

温压场对称是指温度中心与气压中心基本重合。浅薄系统是指气压系统的强度随高度增加而减弱，即高低空的高低压中心不一致。这种系统有冷高压和暖低压。深厚系统是指气压系统的强度随高度增加不变或增强，即高低空的高低压中心一致。这种系统有暖高压和冷低压。

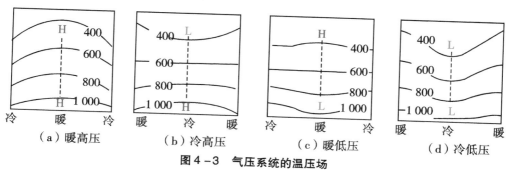

图4-3 气压系统的温压场

温压场不对称是指温度中心与气压中心不重合。在中高纬度地区，不对称的低压总是东暖西冷，低压中心轴线向冷区倾斜；不对称的高压总是东冷西暖，高压中心轴线向暖区倾斜。

4.1.2 气压的测量与修正

目前，在我国气象业务观测中，气压是重要的气象参数之一。气象站一直使用定槽式水银气压表或动槽式水银气压表来测量大气压力。这种工作级的水银气压表是由上一级标准水银气压表检定的，检定时标准表与被检表处于相同温度和重力环境中，标准表与被检表在读数后都不进行温度和重力修正。但是，如果上一级的标准表不是水银型的，那么在检定中，必须对水银气压表读数进行器差、温度、纬度和海拔高度修正，其中纬度和海拔高度修正的实质是重力修正。

4.2 风

称空气相对于下垫面的水平运动为风。风是由空气流动引起的一种自然现象，是由太阳辐射热引起的。太阳光照射在地球表面上，使地表温度升高，地表的空气受热膨胀变轻而往上升。热空气上升后，低温的冷空气横向流入，上升的空气因逐渐冷却变重而降落，由于地表温度较高又会加热空气使之上升，这种空气的流动就产生了风。风是矢量，有大小和方向。

4.2.1 风的性质

风速是指单位时间内空气在水平方向上的位移。单位有：m/s，km/h，n mile/h，kn

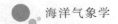

（节）等。它们之间的换算关系为：1 km/h = 0.28 m/s；1 kn = 1.852 km/h = 0.5 m/s；1 m/s = 2 kn。

称风的来向为风向，常用 16 个方位（E、W、S、N、NE、SE、NW、SW、NNE、ENE、ESE、SSE、SSW、WSW、WNW、NNW）或度数（0°～360°）来表示。

风力是根据风对地面或海面的影响程度划出的风力等级。国际上采用的风力等级从 0 ～ 12 共 13 个等级。我国现采用从 0 ～ 17 共 18 个等级。

风的阵性是指在摩擦层中，由于湍流作用，风向变化不定，风速表现为忽大忽小的现象。实际上，风的阵性就是小尺度的湍涡迭加在大型流场上造成的结果。因此，在测风向风速时，要求取其平均值。一日内阵性最强在午后，一年中阵性最强在夏季。

风速具有日变化。通常在近地面午后风速大，夜间清晨风速小。风的日变化幅度，晴天比阴天大，夏季比冬季大，陆地比海洋大。年变化则因地而异。

长期观察风向的分布，在一定期间内最常观察到的风向即为盛行风。风向长期观察资料常以玫瑰图表示。

4.2.2 风的观测

我们常用的测风仪器主要有风速风向仪、风速杯、超声风速仪等，如图 4 – 4 所示。此外，也常采用远隔观测，即无线电高空测候器（radiosonde），释放探空气球搭载等。海上风速的观测仪器与陆上观测仪器相同，风速的观测规范可以参考《地面气象观测规范》。

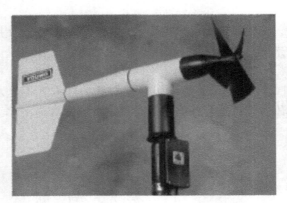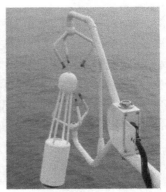

图 4 –4　风速风向仪（左）和超声风速仪（右）

船上观测风一般是通过搭载的自动气象站测量。因此，船上自动气象站测得的风速包含了船的运动以及真风的速度。船上观测的风为相对风速，应加减船只运动造成的速度改变。

4.3　风的动力分类

4.3.1　空气质点受到的力

4.3.1.1　压强梯度力

压强梯度力是指由压强梯度产生的力。从图 4 - 5 可以看出，高空风向与等高线方向平行，这与流体的运动属性一致。其中，等压线的间距越近，压力梯度越大，压强梯度力越强，其方向是从高压指向低压。当压强梯度力越强时，风速则越大。因此，压强梯度力的大小决定风速的大小。

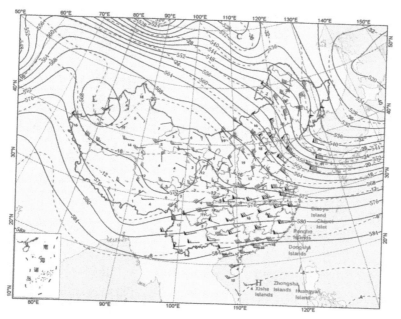

图 4 - 5　500 hPa 高空等高线与风速

注：蓝色实线代表等高线，黑色符号为风向风速。引自 http://www.nmc.cn/publish/observations/china/dm/weatherchart-h500.htm。

4.3.1.2　科氏力

科氏力是因地球自转而产生的虚表力或视似力，又称地转偏向力。所有自由移动的物体，如海流、飞机、弹道、空气分子等，其直线行径方向都会因其下方的地球自转作用而产生偏移。

科氏力的大小可以用 $F = 2v\omega\sin\varphi$ 计算，其中 v 是速度，ω 是地球自转角速度，φ 是纬度。科氏力作用方向与行径方向垂直，不影响行径速度。在北半球产生朝行径方向右侧的偏向力，在南半球则为左侧。

4.3.1.3 重力

物体由于地球的吸引而受到的力称为重力。重力的施力物体是地心，重力的方向总是竖直向下。物体受到的重力大小与物体的质量成正比，计算公式为 $G = mg$，其中 m 为空气质量，g 为比例系数（重力加速度），大小约为 9.8 N/kg，表示质量为 1 kg 的物体受到的重力约为 9.8 N，其大小会随着纬度变化而变化。重力作用在物体上的作用点为重心。

4.3.1.4 摩擦力

阻碍物体相对运动（或相对运动趋势）的力称为摩擦力。摩擦力的方向与物体相对运动（或相对运动趋势）的方向相反。摩擦力又分为静摩擦力、滚动摩擦力和滑动摩擦力三种。

4.3.1.5 惯性离心力

当地球处于自转时，物体所在纬度平面以角速度 ω 转动，从这个平面上观察将发现物体受一个力的作用有向外运动的趋势，即物体受到一个方向背离旋转中心的作用力，此力是小球的惯性引起的，称为"惯性离心力"。惯性离心力是物体在做曲线运动时产生的一种虚拟力，常用 I_c 表示。其方向始终与风向垂直，大小与向心力相等，表达式为 $I_c = \dfrac{v^2}{r}$ 或 $I_c = \omega^2 r$，其中 r 为曲率半径，ω 为空气转动角速度，v 为空气转动线速度。

在实际大气中，运动的空气受到的惯性离心力通常比地转偏向力小得多。但当风速很大，而曲率半径特别小时，惯性离心力就可以达到与地转偏向力差不多的大小，甚至大大超过地转偏向力。

4.3.2 风的类型

4.3.2.1 地转风

地转风是指自由大气中空气的水平等速直线运动，是空气在无加速度、惯性离心力不起作用情况下的运动。图 4 – 6 为地转风的形成过程：最初，摩擦层以上的高层静止气流在气压梯度力作用下加速运动，在运动过程中，由于受到地转偏向力的作用，其运动方向向右偏（北半球）。由于偏向力的方向永远垂直指向运动方向的右侧，因此随着运动方向的改变，偏向力的方向也改变。直到气流以稳定的速度与等压线平行流动时，压强梯度力与科氏力平衡。

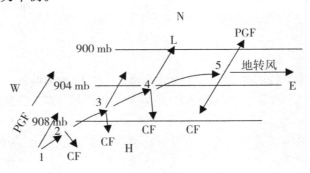

图 4 – 6　地转风的形成过程

注：此图不适用于低纬度（ <20°）的情况。改自陈月娟等，2009 年。

地转风满足压强梯度力与科氏力平衡的条件，因此其平衡方程可表达为

$$-\frac{1}{\rho}\frac{\partial p}{\partial n} = 2v_{\mathrm{g}}\omega\sin\phi \tag{4.1}$$

$$v_{\mathrm{g}} = -\frac{1}{2\rho\omega\sin\phi}\frac{\partial p}{\partial n} \tag{4.2}$$

式中，$-\frac{\partial p}{\partial n}$ 是指垂直于等压线方向上单位距离内的气压差，单位为 hPa/mb，v_{g} 为地转风风速，φ 为纬度，ω 为地球自转角速度。从公式中可以得到以下四点规律：

（1）v_{g} 与水平气压梯度成正比，即当纬度和空气密度一定时，等压线越密集，v_{g} 越大。

（2）v_{g} 与空气密度成反比，当水平气压梯度一定时，越往高空，空气密度越小，v_{g} 越大。

（3）v_{g} 与纬度的正弦成反比，即当水平气压梯度和空气密度一定时，v_{g} 随纬度的减小而增大。

（4）由于低纬地区的地转偏向力太小，难以与水平气压梯度力保持平衡，地转风无法存在，因此赤道及其附近不遵守地转风原则。

在没有实测的风向风速数值时，可由等压线的分布推测高空的相对风向风速。同样地，若有风向风速的观测值，亦可借其推估等压线的分布。若既无风向风速测值，亦无高空等压线图，则可根据云的移动方向判断高空风向和等压线分布。其规律是：在北半球，背向受风情况下，低压在左侧；在南半球，背向受风情况下，低压在右侧。

4.3.2.2 梯度风

在自由大气中，当空气做曲线运动，水平气压梯度力、地转偏向力和惯性离心力三个力达到平衡时的空气等速水平运动，称为梯度风。梯度风受向心力作用会产生定速的偏向。如图4-7所示，当风力高于摩擦力作用时，会产生呈定速环绕闭合等压线的风。

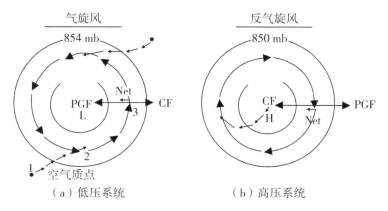

图4-7 北半球的梯度风

注：PGF 为气压梯度力，CF 为地转偏向力。

做曲线运动的气压系统有高压和低压之分，而在高压和低压系统中，力的平衡状态不同，因此其梯度风也不尽相同。

（1）低压系统中的梯度风。

图 4 - 7（a）展示了低压系统中的梯度风。可以发现，在北半球低压（气旋）系统中，风绕中心呈逆时针方向吹，气压梯度力 PGF 沿半径指向中心，地转偏向力 CF 和惯性离心力都沿半径指向外缘，二者之和等于气压梯度力。因为地转偏向力和惯性离心力都是与风向垂直的，所以在低压系统中，梯度风的风向是沿等压线呈逆时针方向。而在南半球，梯度风的风向是沿等压线呈顺时针方向。低压（气旋）系统中梯度风的三力平衡公式为

$$-\frac{1}{\rho}\frac{\partial p}{\partial n} = 2v_c\omega\sin\phi + \frac{v_c^2}{r} \tag{4.3}$$

其中，等式右边第二项为惯性离心力，将公式变形后得

$$v_c^2 + 2v_c r\omega\sin\phi + \frac{r}{\rho}\frac{\partial p}{\partial n} = 0 \tag{4.4}$$

解这个以 v_c 为未知数的一元二次方程，得

$$v_c = -r\omega\sin\phi \pm \sqrt{(r\omega\sin\phi)^2 - \frac{r}{\rho}\frac{\partial p}{\partial n}} \tag{4.5}$$

式中，v_c 表示低压中的梯度风风速，ω 为地球自转角速度，ϕ 是指纬度；根号前应取正号才有意义。

（2）高压（反气旋）中的梯度风。

图 4 - 7（b）是高压中的梯度风。从图中可知，在北半球高压（反气旋）系统中，气压梯度力和惯性离心力都自中心指向外侧，当三力达到平衡时，地转偏向力必定由外侧指向中心，而且大小等于气压梯度力和惯性离心力之和。因此在高压系统中，梯度风的风向是沿等压线呈顺时针方向。而在南半球，梯度风的风向是沿等压线呈逆时针方向。

在一定的纬度上，反气旋中的水平气压梯度和梯度风的大小受反气旋的曲率所限制。曲率越大（r 越小），水平气压梯度越小，梯度风风速也越小。而当反气旋曲率相同时，纬度越高，水平气压梯度和梯度风风速越大。高压（反气旋）系统中梯度风的三力平衡公式为

$$-\frac{1}{\rho}\frac{\partial p}{\partial n} + \frac{v_a^2}{r} = 2v_a\omega\sin\phi \tag{4.6}$$

整理，解得

$$v_a = r\omega\sin\phi \pm \sqrt{(r\omega\sin\phi)^2 + \frac{r}{\rho}\frac{\partial p}{\partial n}} \tag{4.7}$$

式中，v_a 表示高压中的梯度风风速，ω 为地球自转角速度，ϕ 是指纬度；根号前应取负号才有意义。

根据公式，可以总结出梯度风的以下特点：

①最大水平气压梯度的分布呈现高压边缘较大，越近中心越小的特点。曲率小处等压线密集，曲率大处等压线稀疏。

②纬度越高，温度越低，空气密度越大，水平气压梯度的最大可能值也就越大。例如，在冬季，中高纬陆上高压等压线密集。

③通常情况下，低压中心和高压边缘的等压线分布更密集，而高压中心的等压线分布比较稀疏。因此，大风区经常是低压中心附近或者高压中心的边缘，在高压中心附近的风速很小。此外，中高纬度高压风速较大，低纬度高压风速较小。

④在水平气压梯度、曲率半径和纬度相同的情况下，由于三力平衡，高压的风速大于低压的风速，即 $v_a > v_g > v_c$；梯度风仍遵守风压定律。

⑤实际中大气的运动更接近于梯度风，因此使用梯度风计算公式比使用地转风计算公式计算风速更为精确。但由于空气中的曲率半径很难确定，而地转风计算公式相对简单方便，因此在实际风速估算中，地转风计算公式使用得更为普遍。但对于热带气旋尺度的运动，采用梯度风近似估算实际风速比采用地转风近似法效果更好。

4.3.2.3 热成风

热成风是指两个不同高度地转风的矢量差，即高层地转风减去低层地转风的矢量差，也就是地转风在坐标系中的垂直变化率，通常亦称作热成风关系。这种地转风的垂直变化率是由等压面上的温度水平梯度所决定，即由水平方向上的冷热不均匀性所产生。如果温度在等压面上没有水平变化，那么也就没有地转风的垂直变化。

由此可知，热成风的形成与气压场和热力场密切相关。在暖气柱中，气压随高度增加降低得慢，即单位气压高度差小，而在冷气柱中却降低得快，即单位气压高度差大。假若等压面在底层是水平的，气压梯度为零，由于气柱中平均温度在水平方向上有差异，到高层后，等压面倾斜，暖区一侧等压面抬起，冷区一侧降低，则高层水平面上气压值不等，出现由暖区指向冷区的气压梯度力，产生平行于等温线的风。

根据定义，热成风的计算公式为

$$\vec{v_T} = \vec{v_{g_2}} - \vec{v_{g_1}} = -\int_{p_1}^{p_2} \frac{\partial \vec{v_g}}{\partial p} dp \qquad (4.8)$$

其中，v_g 为地转风速，p 为气压。

已知压高公式或等压面厚度公式为 $H_2 - H_1 = \frac{RT_m}{g}\ln\frac{p_1}{p_2}$，其中 T_m 为温度变量，g 为重力加速度，R 为气体常数，在国标中，R 的大小为 8.314 J/（mol·K）。

由地转风公式可得 $u_g = -\frac{g}{f}\frac{\partial H}{\partial y}$，$u_g$ 与坡度 $-\frac{\partial H}{\partial y}$ 成正比。且有

$$dp = -\rho g dz = -\frac{p}{R_0 T} dz \qquad (4.9)$$

$$\Rightarrow \frac{dp}{p} = -\frac{g}{R_0} dz \qquad (4.10)$$

由于暖中心有温度差距，因此造成了地转风随高度发生变化。如果等压面上温度相等，T_m 为常数，则等压面厚度为常数，地转风随高度不会发生变化，即没有热成风。由此可知，热成风是热力差距造成的。由热成风定义可得

$$\vec{v_T} = \vec{v_{g_2}} - \vec{v_{g_1}} = \left(-\frac{g}{f}\nabla H_2 \times \vec{k}\right) - \left(-\frac{g}{f}\nabla H_1 \times \vec{k}\right) = -\frac{g}{f}\nabla(H_2 - H_1) \times \vec{k}$$

$$= -\frac{g}{f}\nabla\left(\frac{RT_m}{g}\ln\frac{p_1}{p_2}\right) \times \vec{k} = -\frac{g}{f}\ln\frac{p_1}{p_2} \cdot \frac{R}{g}\nabla T_m \times \vec{k} \qquad (4.11)$$

其中，$(H_2 - H_1)$ 为厚度，$\nabla(H_2 - H_1)$ 是厚度梯度。

$$\vec{v_g} = -\frac{g}{f}\nabla H \times \vec{k} \tag{4.12}$$

叉乘表示 $\vec{v_g}$ 沿等高线方向，与坡度垂直。

$$\vec{v_T} = -\frac{g}{f}\ln\frac{p_1}{p_2} \cdot \frac{R}{g}\nabla T_m \times \vec{k} \tag{4.13}$$

所以，$\vec{v_T}$ 的方向是沿等温线方向，与等温线梯度垂直。$\vec{v_T}$，$\vec{v_g}$ 的表达式结构相同，故同样可以套用风压定律。因此，热成风沿等温线吹，在北半球，背风而立，左冷右暖；南半球则相反。

北半球中纬度地区的高空风为西风的原因正是由于热成风的存在。因为高空风遵循"准地转平衡"，即水平科氏力和"水平气压梯度力"平衡，所以高空风几乎就是地转风。然而，因为自西向东的热成风的存在，使得地转风从底层到高层渐渐地也自西向东吹，这样北半球中纬度地区高空吹的就是西风。这就是北半球中高纬高空风为西风的原因，即为西风急流的成因。此外，热成风大小与温度梯度成正比，锋区温度梯度大，热成风大。

在平衡条件下，热成风有以下特点：

（1）若低层风向与热成风风向一致，则风速随高度逐渐增大，风向不变。

（2）若低层风向与热成风方向相反，则风速随高度增加而逐渐减小，到某一高度时风速减为零；再向高空，风速随高度增加而增大，风向发生180°转变，同热成风风向一致。

（3）若低层风从冷区吹向暖区，北半球风向随高度增加逐渐向左转，而且越到高层，风向与热成风风向越接近。

（4）若低层风从暖区吹向冷区，北半球风向随高度增加逐渐向右转，越到高层，风向与热成风风向越接近。

4.4 正压、斜压大气

4.4.1 正压大气中的热成风

正压大气是指大气密度只是气压的单值函数，即大气密度只随气压变化。等压面上气压 p 处处相等，即密度相等。此时 $T = \frac{p}{\rho R}$ 为常数，没有热力差距，地转风随高度变化而不变，即没有热成风。

$$p = \rho(p)RT \tag{4.14}$$

$$T_m = constant \tag{4.15}$$

4.4.2　斜压大气中的热成风

斜压大气是指密度不仅仅是气压的函数，还是温度的函数。

$$p = \rho(p, T)RT \tag{4.16}$$

等压面上密度是可以变化的，即温度也是可以变化的，温度与密度大致成反比关系。由于等压面上有温度梯度和热力差异，地转风随高度变化而改变，因此有热成风产生。

4.4.3　热成风的实际应用

在实际情况下，等压面上有一定的温度梯度，正压大气是不存在的，其只是一种理想的状态。但是当区域温度梯度很小时可以认为是相当正压大气，例如，庞大的气团内部温度和气压差别不大，可以认为气团内部是相当正压的。天气学中一般认为，当温度梯度很大时，斜压性强。例如，锋区的温度梯度很大，斜压性强。

由此也可知，热成风在实际中有以下应用：一是热成风是天气图分析的主要理论基础。由于其将不同层次的地转风与平均温度的水平分布联系起来，因此根据气压和温度的三维结构，可以了解不同层次的地转风。例如，若已知某一高度的地转风和两个高度间的平均温度场，则可求另一高度上的地转风。相反，若将不同层次的实测风近似当作地转风，则可根据风场推出气压和温度场结构。二是热成风关系还可以定性地解释一些天气现象。例如，北半球对流圈内西风向上叠加，形成对流层顶附近西风急流的原因。

在实际工作中进行天气分析时，根据某站风随高度变化的情况可做温度平流的分析。当风随高度变化沿逆时针方向旋转时，可判断这个气层间有冷平流，当风随高度变化沿顺时针方向旋转时，则有暖平流。

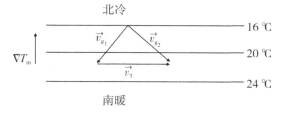

图 4 - 8　冷平流示意图

根据图 4 - 8，在天气图上判断冷暖平流的方法主要有以下步骤：

（1）通过观察等高线和等温线的关系。将等高线看成流线，若等高线与等温线存在夹角，则说明存在平流。若等高线是从冷区指向暖区，则说明是冷平流；反之，若是从暖区指向冷区，则是暖平流。若等高线与等温线平行，则不存在温度平流。

（2）通过公式判断。记录当地 24 小时的变温情况：若是冷平流，则 $\nabla T_{24} < 0$；若是暖平流，则 $\nabla T_{24} > 0$。

综上，自上而下地转风随高度变化沿逆时针方向旋转时，气层中有冷平流；自上而下地转风随高度变化沿顺时针方向旋转时，气层中有暖平流。

4.5 地形动力作用对风的影响

4.5.1 绕流和阻挡作用

当气流遇到孤立的山峰与岛屿时，有绕山峰两侧而过的现象，并且在迎风面风速增强，在背风面风速减弱。在背风面还会产生气旋式和反气旋式涡流，常形成低压或低压槽。山脉的绕流和阻挡作用，可能会使实际风向与根据大范围气压场确定的风向之间发生显著偏差，其差值可达 90°，甚至达到 180°。

4.5.2 岬角效应

因陆地（如山脉尽头或半岛附近）向海中突出造成气流辐合，流线密集，风力明显增强的现象，称为岬角效应。如南非的好望角是个令航海者生畏的地方，就是因为岬角效应助长了那里的狂风恶浪。我国山东半岛的成山头附近海面，偏北风通常比周围要大 1～2 级左右，有中国"好望角"之称。

4.5.3 海岸效应

在海岸附近，因摩擦作用，当气流沿海岸线方向流动时，若陆地在气流方向的右侧，流线会变密，气流会增强；反之，若陆地在气流方向的左侧，流线会变疏，气流会减弱。

4.6 海流

大尺度海流遵循地转原理，其地转流平衡是压强梯度力与科氏力平衡的结果，海流流速的方向及大小与大气风的判断方式相同。这里不再重复描述。

大气和海洋界面受摩擦力影响，海洋上层存在风生 Ekman 流。同样地，大气摩擦层中也存在 Ekman 层。这里主要介绍瑞典物理海洋学家 Ekman 的无限深海风海流理论。

假定海水密度分布均匀，稳定均匀的风长时间吹刮于无限宽广、无限深的海洋上，只考虑垂直湍流粘滞系数所引起的水平摩擦力，不考虑科氏力随纬度的变化。当海流达到稳定条件时，科氏力和湍流摩擦力保持平衡：

$$fv + K_z \frac{\partial^2 u}{\partial z^2} = 0 \qquad (4.17a)$$

$$-fu + K_z \frac{\partial^2 u}{\partial z^2} = 0 \qquad (4.17b)$$

最终，海表流速大小为

$$u = v_0\cos45° \tag{4.18a}$$
$$v = v_0\sin45° \tag{4.18b}$$

其中，$v_0 = \dfrac{\tau_y}{\sqrt{fK_z\rho}}$。$\tau_y$ 为风应力，K_z 为垂直湍流粘滞系数。这表明海表流速与风应力、垂向粘滞系数有关，流向为风向偏右 $45°$ 方向（北半球）。

大气中存在的热成风、梯度风等原理也适用于海洋中的气旋与反气旋运动。另外，海洋中也存在上升流、下降流、急流等，这里不一一赘述。

参考文献：

［1］李建英，贺晓雷. 水银气压表温度重力修正和重力引用问题［J］. 气象科技，2003，31（1）：42－44，61.

［2］陈月娟，周任君，王雨，等. 大气－海洋学概论［M］. 合肥：中国科学技术大学出版社，2009.

［3］中国气象局. 地面气象观测规范［M］. 北京：气象出版社，2003.

第5章 气团和锋面

天气系统是显示大气中天气变化及其分布的独立系统，其运动形状大都呈现涡旋状或波状，其中地面空气系统以涡旋状为主，高空空气系统则以波状为主。本章将陆续介绍海上常见的气团、锋面、温带气旋、温带反气旋、副热带高压和热带气旋等天气系统。

5.1 气团

气团是指气象要素（主要指温度和湿度）水平分布比较均匀的大范围的空气团。气团的温度、湿度和其他属性反映了其生成源地的属性。在同一气团中，各地气象要素的垂直分布（稳定度）几乎相同，天气现象也大致一样。水平尺度可达几千千米，垂直范围可达几千米到十几千米，常常从地面伸展到对流层顶。

5.1.1 气团形成的物理过程

（1）辐射。大气本身的长波辐射冷却率甚低，不易构成气团形成条件。但当地表为冰雪时，因地表与低层大气的辐射热交换明显，故辐射对北极气团的影响较大。辐射对除北极气团以外的气团形成作用甚微。

（2）湍流和对流。大气中的湍流和对流作用能使近地面的热量和水汽扩散到高层，使深厚的气层受到下垫面的影响。因为低纬地区温度高、湿度大和气层不稳定，湍流和对流易于发展，所以湍流和对流对低纬度气团的形成作用突出。

（3）蒸发和凝结。蒸发和凝结是空气与下垫面和空气与空气交换水分和热量的重要方式。其能直接影响大气的湿度特征，以及间接影响大气的温度和稳定度。蒸发和凝结对大陆气团变为海洋气团以及热带气团的作用大。

（4）大范围的垂直运动。大范围的下沉运动使气团温度升高，促使稳定干燥的气层更稳定；而大范围的上升运动使气团温度降低，促使原来稳定未饱和的气层变得不稳定。下沉增温对于干冷空气变为暖气团起着重要作用。

5.1.2 气团分类

孕育气团的源地必须广大且表面性质一致，其表面风速通常比较小。气团盘踞停留或通过源地的时间越久，越能吸取源地的特性。如海洋、沙漠或冰雪覆盖的地区，可依其源地纬度的高低及其位于大陆或海洋来划分。在地理分类中，按源地的温度性质，将气团分成冰洋气团（北极气团和南极气团）、极地气团、热带气团和赤道气团四大类；按源地的湿度性质，又将气团分为海洋性气团和大陆性气团两种。这样，综合温度和湿度特性，全球大致可分为七种气团。气团的名称以及相应特征、分布地区如表 5 – 1 和图 5 – 1 所示。

表 5 – 1 气团的地理分类

名 称	符 号	主要天气特征	主要分布地区
冰洋大陆气团	cA	气温低，水汽少	南极大陆及 65°N 以北冰雪覆盖的极地地区
冰洋海洋气团	mA	性质与 cA 相近，夏季从海洋获得热量	北极圈内海洋上，南极大陆周围海洋
极地大陆气团	cP	低温、干燥、天气晴朗，气团低层有逆温层，气层稳定，冬季多霜、雾	西伯利亚、蒙古、加拿大、阿拉斯加
极地海洋气团	mP	夏季同 cP 相近，冬季比 cP 气温高、湿度大，可能出现云和降水	主要在南半球中纬度海洋上，以及北太平洋、北大西洋中纬度洋面上
热带大陆气团	cT	高温、干燥、晴朗少云，低层不稳定	北非、西南非、澳大利亚和南美一部分的副热带沙漠区
热带海洋气团	mT	低层温暖、潮湿且不稳定，中层常有逆温层	副热带高压控制的海洋上
赤道气团	mE	湿热不稳定，天气闷热，多雷暴	南北纬 10°以内

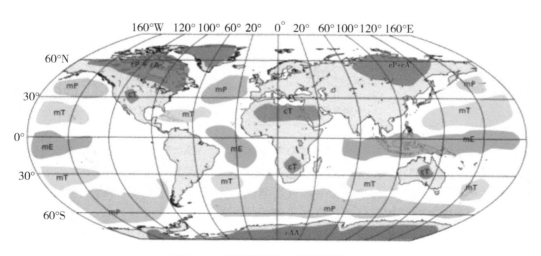

图 5 – 1 气团源地在全球范围的分布

注：引自 https://www.earthonlinemedia.com/ebooks/tpe_3e/weather_systems/air_masses_types.html。

除采用地理分类法外，还常采用热力分类法划分气团。气团在源地形成停留一段时间后，通常会从高空气流开始移动。离开源地后，根据气团与所经地面的热力交换情形，即其移动时与所经下垫面的温度对比或两个气团之间的温度对比，可将气团划分为冷气团和暖气团，称之为热力分类法。冷气团是指气团向比它暖的下垫面移动，使所经之处温度下降的气团。例如图 5 – 1 中冬季源自西伯利亚的气团，即为大陆性冷气团。当该气团南移至我国大部分地区时，往往会使我国在 24 ～ 48 小时内气温骤降变成严寒天气，此即为俗称的寒潮。暖气团则是指向比它冷的下垫面移动，使所经之处温度上升的气团。

5.1.3 气团的变性

当气团离开源地移至与源地性质不同的下垫面时，气团的物理属性发生变化，称之为气团变性。在中国，冬季常有随冷高压的极地大陆变性气团侵入，这种气团控制的地区，天气大都干燥而寒冷；夏季，极地大陆变性气团的势力减弱，只在长江以北和西北地区活动。夏季侵入长江以南的主要是湿热的赤道气团和热带海洋气团。这两种气团的活动以及它们与极地大陆气团之间锋面的强弱和移动，基本决定了中国雨带的南北移动和降水分布。

当干冷空气移过温暖的海面时，会发生变性。冷而干的大陆气团到达海洋之后，气团会变为高湿度、温暖的海洋气团，而海洋气团上陆后也会发生变化。

5.1.4 我国境内的气团与气团空气

表 5 – 2 列出了我国境内在夏半年和冬半年主要存在的不同气团及其所对应的天气特征。

表 5 – 2 影响我国的主要气团

冬半年	西伯利亚气团	干冷天气
	北极气团	寒潮天气
夏半年	南方热带海洋气团	区域性降水天气
	热带大陆气团	干旱和酷暑天气
	赤道气团	长江以南大量降水天气

在冬季，我国大陆主要受西伯利亚冷气团的影响，西伯利亚气团从北向南，经过海洋时易发生变性；同时，我国南部有南海气团和热带太平洋气团向北入侵。到了夏季，热带大陆气团、赤道气团和热带太平洋气团活动更为强烈，我国东部区域主要受海洋气团的影响，天气高温多雨。气团的分布及路径情况如图 5 – 2 所示。

根据气象资料以及相关研究，可以发现，我国秋季台风与大陆气团之间存在一定的关系。秋季大陆气团开始趋于活跃，尤其在较强台风频发的 8 月下旬至 9 月中上旬，西风指数明显增强。我国长江以北大部分地区昼夜温差增大，冷空气南下日趋明显，环流场的经向度增强，而副热带高压的强度逐渐减弱且有所东退。此时，中等及以上强度的台风对两侧气团的影响和作用日趋明显，且这种影响随着气候的变化而增强。秋季台风在运动过程中，其自身环流一方面引导大陆的干冷气团南下，另一方面又将副热带高压外围的暖湿气流向北输送。不同强度的台风在靠近我国东南沿海时对大陆气团的影响有显著不同，大陆气团和海上气团与台风自身环流的相互作用最终会影响台风的移动方向。

（a）冬季

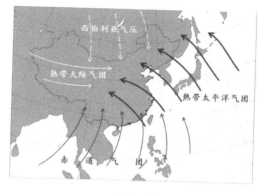
（b）夏季

图 5-2 我国气团活动

5.2 水团

与气团相似，水团是内部物理和化学性质均一且存在变性性质的水体。不同点是气团尺度大，水平可达几千千米，垂向可达几千米。水团尺度小于气团尺度，水平可达几百千米，垂向可达几百米。

5.2.1 水团的定义及变性

水团是形成于同一源地（海区），理化特性和运动状况基本相同的海水。海水就是由性质不同的水团组成的。水团的性质，主要取决于源地所处的地理纬度、地理环境和海水的运动状况。在这些因素的影响下，水团具备了某种特性并在一定条件下达到最强，这个过程就是水团的形成。

世界大洋及其附属海的绝大多数水团，都是先在海洋表面获得其初始特征，接着因混合、下沉、扩散而逐渐形成的。初始特征的形成，主要取决于水团源地的地理纬度、气候条件、海陆分布以及该区域的环流特征。水团形成之后，其特征因外界环境的改变而变化，最终会因动力或热力效应离开表层下沉到与其密度相当的水层，通过扩散及与周围海水不断混合，继而形成表层以下的各种水团。

在一定条件下，水团的特性强度逐渐降低的过程被称为水团的变性。导致其变性的内部因素主要是水团间的热、盐交换；外部因素主要是海水与大气间的热交换和由外部条件的变化引起的温度、盐度变化。按理化性质的差异，水团可分为暖水团和冷水团。暖水团是由水温较高、盐度和透明度较大、有机质较少、含氧量较低以及营养成分少的水体构成；冷水团则与暖水团相反。

5.2.2 水团的分布

在世界大洋的中纬度区域，铅直方向的水团分布比较典型。通常沿铅直方向将海洋分为 5 个基本水层：表层、次表层、中层、深层和底层。

大洋表层的海水在大气的直接作用下，通过内部的混合及与相邻水体的相互作用，形成了一些表层水团。其厚度因海区而异，从几十米到两百米不等，这取决于湍流混合和对流混合的深度。表层水富含溶解氧。表层水团具有明显的区域特征，这与海流的性质、海面气候的区域特征以及海洋与大气之间的热量和水量交换有关。中纬度海域的表层水团，还具有很大的季节变化。

次表层在表层之下，其间以跃层为界。次表层的厚度一般为 200 ～ 300 m，而在大洋的西部边界处，其厚度达最大值。次表层水具有高的盐度。按水团的形成过程和特征的不同，可将次表层中的水团分成中央水团、亚南极水团和亚北极水团。

中层水团分布于次表层水团之下深达 1 000 ～ 1 500 m 的水层内。源于高纬和中、低纬度海区的中层水团，分别以低盐度和高盐度为突出的特征。前者如南极中层水团和北太平洋中层水团，后者如红海水团和地中海水团。

深层水团分布于中层水团之下深达 4 000 m 的水层内，厚度比其他水层都大。深层水具有贫氧的特征。深层水之下是底层水，其特征是高密度。

世界大洋主要水团如图 5 - 3 所示。在大西洋里，南北两个中央水团之间，以一过渡带相连；但在太平洋的南北两个中央水团之间，却隔着一个赤道水团。太平洋的南北

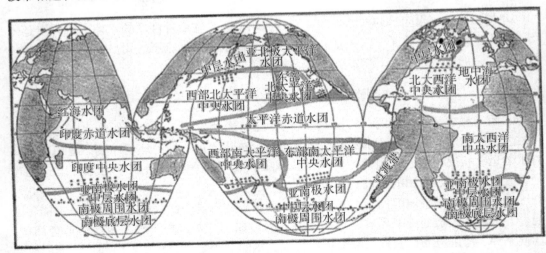

图 5 - 3 世界大洋主要水团分布

注：引自 Sverdrup 等，1949 年。

两个中央水团，都可以再细分为东、西两个水团。在印度洋也有相应的赤道水团，但是中央水团只有一个。亚南极水团是由亚热带辐合带的表层水下沉后，向南扩散的海水与当地的海水混合而成的，故其盐度低于中央水团，但仍高于当地的表层水和其下的中层水。亚南极水团的分布范围，以南极辐合带为其明确而连续的南界，向北可达南纬 40°。在南太平洋东部，部分亚南极水团沿南美大陆的西海岸向北扩展，其影响可达南纬 20°。

南极中层水团在太平洋、大西洋和印度洋中都分布很广，是南极表层水向北运动到南极辐合带附近，与周围的海水强烈混合再下沉而形成的具有盐度极小值的水团。在南纬 60°附近，南极中层水团迅速下沉到 800～1 000 m 深处，一方面参与向东的绕极运动，另一方面北上进入三大洋。该水团在大西洋的势力最强，可扩展到北纬 25°附近。其在太平洋西部可达赤道，而在东部只能到南纬 10°左右。该水团在印度洋的势力最弱，不会越过南纬 10°。因为那里存在高盐度的红海水团，其密度和南极中层水团相当，因此阻挡了南极中层水团继续北上。在太平洋北部，也有一个势力较强的中层水团——北太平洋中层水团。北大西洋的北极中层水很弱，仅出现在其西北部海域。高盐度的地中海水团，经直布罗陀海峡进入大西洋之后，迅速下沉到 1 000～1 500 m 深处，并广泛地分布于北大西洋的中央海域。

北大西洋深层水团主要是由从挪威海盆中溢出的海水与中层水和底层水混合形成的。其在向南运动的过程中，由于上层与地中海水团混合，故具有高盐度和贫氧等特征。印度洋的深层水团和大西洋相似，也具有高盐度和贫氧等特征，是由底层水和中层高盐度的红海水团混合而形成的。太平洋深层水团的盐度较低，介于中层水和底层水之间，特别是其氧含量比中层和底层都低。一般认为其源地不在太平洋，而是由大西洋和印度洋移动过来的。

大洋底层的水团，主要是在南极大陆架一些海区形成的南极底层水团扩散的结果。南极底层水团主要是在威德尔海形成的，其进入绕极流后，有一部分向北运动，扩散到各大洋的底层，在大西洋向北可达北纬 45°，在太平洋影响可达北纬 50°，在印度洋也可到赤道以北。

5.2.3　特殊的水团

大洋中除了上述大型水团，还存在中型水团，比如副热带模态水、中尺度涡旋等。中尺度涡旋是指海洋中直径为 100～300 km，寿命为 2～10 个月的涡旋。其比肉眼可见的涡旋大得多，寿命也长得多。但比一年四季都存在的海洋大环流又小得多，寿命也短得多，因此称其为中尺度涡旋。

中尺度涡旋非常类似于大气中的气旋和反气旋，因此也称天气式海洋涡旋。按其自转方向和温度结构，可分为两种类型：一种是气旋式涡旋（在北半球为逆时针旋转），其中心海水自下向上运动，海面上升，将下层冷水带到上层较暖的水中，使涡旋内部水温比周围水温低，又称冷涡旋；另一种是反气旋式涡旋（在北半球为顺时针旋转），其中心海水自上向下运动，海面下降，携带上层暖水进入下层较冷的水中，使涡旋内部水温比周围水温高，又称暖涡旋。

5.3 锋面

5.3.1 锋面的定义

锋是不同性质气团之间狭窄、倾斜的过渡地带。如图 5 - 4 所示，不同气团之间的温度、湿度、云状等有相当大的差别，而且这种差别可以扩展到整个对流层。当性质不同的两个气团在移动过程中相遇时，它们之间就会出现一个交界面，叫作锋面。锋面是两种不同性质的气团交接处的不连续面，气团性质在此不连续的狭窄带随距离的改变相当大，通常锋面带的宽度大约为 100 km。锋面与地面相交的线，叫作锋线。一般把锋面和锋线统称为锋。因为锋两侧的气团在性质上有很大差异，所以锋附近的空气运动活跃，锋中有强烈的升降运动，气流极不稳定，常造成剧烈的天气变化。因此，锋也是重要的天气系统之一。

图 5 - 4　锋面云图

5.3.2 锋面的动力学分类

按照热力学分类方法，若冷气团主动推动暖气团，则称其为冷锋；反之，则称其为暖锋；若冷暖气团相当，则称其为准静止锋；若冷锋追上暖锋，并将暖空气抬离地面，则形成锢囚锋。

（1）冷锋。如图 5 - 5 所示，冷空气在地（海）面置换暖空气，上升空气带（降水带）落后冷锋行径方向。对于锋面倾斜度来说，锋面移动速度越快，其倾斜度越大。图中的锋面倾斜度为 1∶50，为快速移动的锋面。快速移动的冷锋会产生飑线。飑线是指在快速移动的锋面前缘，有时会形成雷阵雨活跃的连线。在冷锋后面有积雨云（Cb）

并伴随降雨。快速移动的冷锋后一般伴随阵雨。当冷锋移动速度较慢时，也可以形成连续性降水。

（2）暖锋。锋面在移动过程中，若暖气团起主导作用，推动锋面向冷气团一侧移动，暖空气置换地面冷空气，则这种锋面被称为暖锋。如图 5-6 所示，上升空气带（降水带）领先暖锋行径方向。通常暖锋的倾斜度为 1∶150 ～ 1∶200。图中的锋面倾斜度为为 1∶30，为温和移动的锋面。在暖锋前伴随层云、雨层云、高层云、卷层云等，易形成大面积的连续降水。

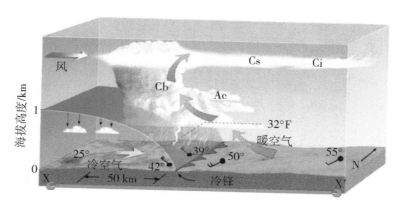

图 5-5　冷锋

注：改自 https：//www.experimentalaircraft.info/wx/weather-info.php。

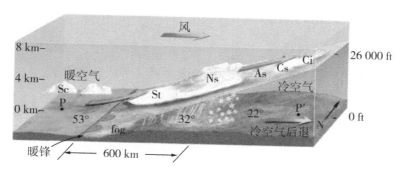

图 5-6　暖锋的垂直剖面图

注：改自 https：//www.experimentalaircraft.info/wx/weather-info.php。

（3）准静止锋。图 5-7 是准静止锋的示意图，此时冷暖两气团势力相当，沿锋面彼此平行流动，锋面无法推动，呈来回摆动趋势。梅雨准静止锋面徘徊导致了阴霾多雨天气。气象预报上一般把 6 小时内锋面位置无大变化作为判断准静止锋的依据。影响我国的准静止锋主要有华南准静止锋、江淮准静止锋、昆明准静止锋、天山准静止锋。

（4）锢囚锋。后面的冷锋赶上前面的暖锋，因而将暖空气抬离地面锢囚在两股冷空气上方，称之为锢囚锋。锢囚锋又可分为冷峰型锢囚锋和暖峰型锢囚锋。

冷锋型锢囚锋是冷锋后的冷空气直接来自极地，比暖锋前的冷空气更冷，冷锋后的

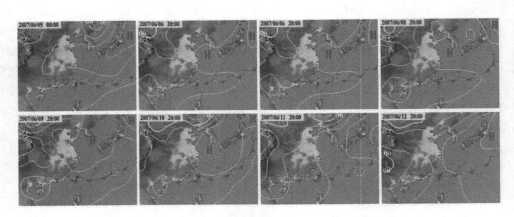

图 5 - 7 准静止锋（2007/6/5—6/12）

注：H 代表高压，L 代表低压。资料来源：中央气象台。

冷空气推动暖锋下的冷空气；暖锋型锢囚锋是暖锋前方的冷空气比冷锋后方的冷空气更冷，因而冷锋只好爬到暖锋上面，由于地面附近保持暖锋形态，故称其为暖锋型囚锢锋（如图 5 -8 所示）。当冷锋后的空气来自海上，而暖锋前的空气是完全经历陆上历程时，就有可能发生这种情形。

　　无论是哪一种形式，降水都发生在"V"形槽内被抬高的暖空气内，故对地面锋来说，除了位置不同外，降水形式并无差别。虽然冷锋置换暖锋形成锢囚锋，但有些锢囚锋是在中纬度气旋暴锋发展中形成的，其最初是分隔两个冷气团的低压区，因此要从天气图中判断囚锢锋是很困难的。

5.3.3　锋面位置的判断

　　在地面天气图上，锋面可以由以下 5 种参数中的一种或几种判断。

　　（1）温度。在锋的附近区域内，水平方向上的温度差异非常明显，100 km 的水平距离内可相差近 10 ℃，比气团内部的温度差异大 5 ~ 10 倍。垂直方向上，气团中的温度分布是随高度递减的，然而在锋区附近，由于下部是冷气团，上部是暖气团，因此锋面上下温度差异较大且往往是逆温层。

　　（2）湿度。空气中水分含量显著变化。

　　（3）锋附近风场。风在锋面两侧有明显的逆向转变，即由锋后到锋前，风向呈逆时针方向变化。

　　（4）压强。锋面两侧是密度不同的冷、暖气团，因此锋区的气压变化比气团内部的气压变化要大得多。锋附近区域的气压分布不均匀，锋处于气压槽中，等压线通过锋面有指向高压的折角。若锋处于两个高压之间气压相对较低的地区，则等压线几乎与锋面平行。

　　（5）云和降水。由于锋面有坡度，冷暖空气交绥，暖空气可沿坡上升或被迫抬升，而暖空气中又含有较多的水汽，因此空气绝热上升，水汽凝结，易形成云雨天气。

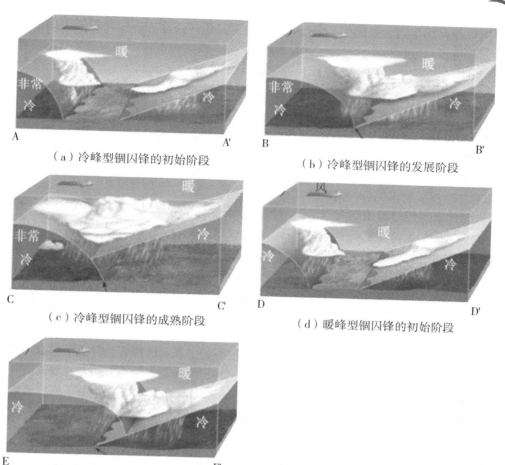

（a）冷峰型锢囚锋的初始阶段　　　　　（b）冷峰型锢囚锋的发展阶段

（c）冷峰型锢囚锋的成熟阶段　　　　　（d）暖峰型锢囚锋的初始阶段

（e）暖峰型锢囚锋的形成阶段

图 5－8　冷峰型锢囚锋和暖峰型锢囚锋的发展

注：改自 https://www.experimentalaircraft.info/wx/weather-info.php。

5.3.4　锋面的其他分类

按照锋面伸展的高度，锋面可以分为对流层锋、地面锋和高空锋。对流层锋是从地面伸展到对流层顶，地面锋是低层的锋，约在 700 hPa 等压面以下，高空锋则是不接地、500 hPa 以上的锋面。

按照大气环流的种类，锋面可以分为冰洋锋、极锋与副热带锋。

5.3.5　锋面坡度

锋面在空间向冷空气一侧倾斜，有一定的坡度，这是锋面的重要特征。但是，锋面在空间为什么呈倾斜状态呢？这是由于锋面处存在由冷气团指向暖气团的气压梯度力，使冷气团向暖气团下方楔入，抬举暖气团，又由于科氏力的平衡作用，不至于使锋面变得水平而呈现倾斜状态。当锋面保持稳定时，称锋面与地平面的交角为锋面倾斜角，这个倾斜角与科氏参数、锋面两侧的冷暖温度差、地转风矢量差以及冷暖气团的平均温度有关。当科氏参数比较小（赤道）时，倾角较小，或无锋面；当温度差为 0 或地转风矢量差为 0 时，锋面无坡度，无锋面；当平均温度高时，坡度较大，因此冬季锋面坡度大，夏季锋面坡度小。

5.4 海洋锋面

锋面的概念最初运用在大气上，后来逐步在海洋研究领域得到重视，有了"海洋锋面"这个名词。海洋锋面是海洋中不同水系或水团的交界面，是水文要素（如温度、盐度等）水平分布的狭长高梯度带，即在锋面存在的海域，水文要素会显现出剧烈变化的特征。

19 世纪中期（1858 年），美国海洋学家 M. F. 莫里把锋描述为一种奇异的海洋现象。1938 年，日本宇田道隆在不同流系交汇处，即亲潮和黑潮交接的地方，用水听器清楚地听到了水下的噪音。1959 年，宇田道隆对锋的概况和物理学特征进行了系统总结，并描述了日本沿海所观测到的生物现象。之后，海洋锋面引起了人们的注意，并逐渐形成了海洋科学中的一个分支，学者们逐渐对锋面的物理、化学、生物和光学等方面性质展开研究。

海洋锋面可用温度、盐度、密度、速度、颜色和叶绿素等要素的水平梯度或它们的更高阶微商来描述，即一个锋带的位置可以用一个或几个上述要素的特征量的强度来确定它。图 5-9 是通过海表面温度判断的锋面位置图，大面积的海洋锋面区域通常被认为是海洋表层动量与热通量驱动所致。

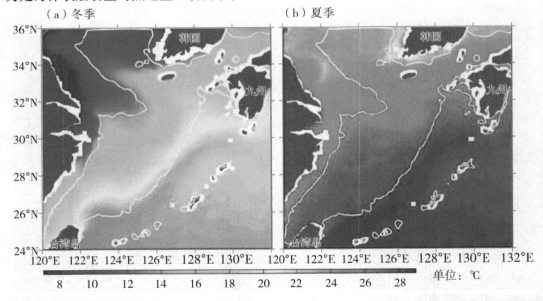

图 5-9 2000—2009 年 MODIS/Terra 中红外海温传感器获得东海气候态季节平均海表面温度（SST）分布

海洋锋的规模小至几分之一米，大至 O（10^4）千米，存在于海洋的表层、中层和近底层，一般可分为以下 6 类：

（1）行星尺度锋。通常与大洋表层埃克曼输送的辐合区、全球气候带的划分和大气环流有密切的关系（如副热带锋面）。

（2）强西边界流的边缘锋。斜压性很强的锋面（如黑潮和湾流），锋面层次的变化和位置会产生南北摆动。

（3）陆架坡折锋。位于大陆架沿岸水和高密度的陆坡水之间的过渡带，其延伸方向与陆架边缘平行。

（4）上升流锋。属于倾斜的密度跃层，通常在沿岸上升流区形成。

（5）羽状锋。出现于江河径流（如密西西比河、长江和珠江）。

（6）浅海锋。出现于浅海、河口、岛屿周围、海角和浅滩处，常位于风潮混合的近岸浅水域与层化较深的外海水域的交界处，或者与岬角和海滩附近的潮流有关。

海洋锋面主要具有以下 4 个特点：

（1）锋面附近水文要素（海水盐度和温度等）存在明显变化，导致海洋锋面两侧的诸多海水物理性质迥异。

（2）垂直于锋面的温度梯度十分显著，其盐度梯度也十分明显，但是密度梯度却很小。

（3）锋面的强弱会随着时间或季节的不同而有所变化。

（4）锋面的空间位置不是一成不变的。

5.5　锋生、锋消

锋生是指密度不连续性形成的过程，或是已有锋面的温度（位温）水平梯度加大的过程（如图 5 - 10 所示）。锋消则是与锋生相反的过程。在实际表现中，锋生是锋面附近天气现象、气象要素（或海洋对流运动）变得更加明显的过程，锋消则相反。

锋生和锋消需要三个条件：水平气流（流速）的辐合和辐散，空气（水体）的垂直运动，气团（水体）的热量交换。

赵宁等采用基于 Argo 浮标的历史数据集、遥感风场数据以及再分析数据，应用海洋混合层模型，重点对西北太平洋区域 150°E 以东的海域内混合层热量收支与海洋温度锋面的锋生与锋消机制进行了研究。根据研究，在西北太平洋海域 150°E 以东的海域内，混合层温度变化以及锋面的锋生和锋消现象主要受到了热通量以及其南北差异的影响。每年 9 月至次年 2 月为温度锋面加强时期，3—4 月温度锋面变化不明显，而 5—8 月温度锋面则迅速减弱。

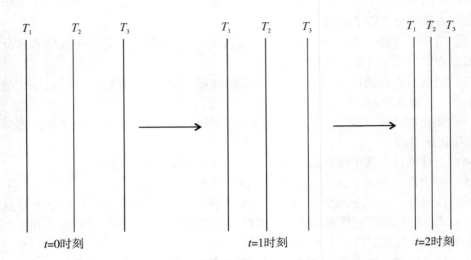

$t=0$时刻　　　　　　　　$t=1$时刻　　　　　　　$t=2$时刻

图 5 - 10　等压面上温度场的锋生现象

参考文献：

[1] 曹楚，彭加毅，余锦华. 全球气候变暖背景下登陆我国台风特征的分析 [J]. 南京气象学院学报，2006，29（4）：455－461.

[2] 陈博，周凤才，徐明，等. 我国秋季台风与相邻气团相互作用的天气气候特征分析 [J]. 安徽农业科学，2016，44（29）：196－198，221.

[3] 赵宁，韩震，刘贤博. 西北太平洋海洋温度锋生与锋消机制的初步研究 [J]. 海洋科学，2016，40（1）：123－131.

[4] KAZIMIN A S, RIENECKER M M. Variability and frontogenesis in the large-scale oceanic frontal zones [J]. Journal of Geophysical Research, 1996, 101 (1): 907－921.

[5] SVERDRUP H U, JOHNSON M M, FLEMING R H, et al. The oceans: their physics, chemistry, and general biology [M]. New York: Prentic-Hall, 1972.

第6章　气旋与反气旋

大气中存在着各种大小的涡旋，有的沿逆时针方向旋转，有的沿顺时针方向旋转。我们把它们中的大型水平涡旋分别称为气旋和反气旋。气旋与反气旋是造成大气中千变万化的天气现象的重要天气系统。它们的发生、发展和移动对于各地区、各纬度之间的热量交换、水汽输送和广大地区的天气变化有着很大的影响。因此，研究气旋和反气旋的发生和发展规律是天气分析预报的一项重要任务。

6.1　气旋、反气旋的特征和分类

6.1.1　气旋和反气旋的定义

气旋是在北（南）半球，大气中水平气流由四周向中心辐射呈逆（顺）时针旋转的大型涡旋。

如图6-1所示，在相同高度上，气旋中心的气压比四周低，表现为低压，因此气旋中心在天气图上用L表示。气旋近似于圆形或椭圆形，大小悬殊。气旋的地面气流向气旋中心辐合，产生向上的垂直气流，多阴雨天气。

夏秋季影响我国东南沿海地区的台风就是气旋的一种。气旋常造成天气发生剧烈的变化，是人们最关心和最早研究的天气系统，通常按气旋形成和活动的主要地区或热力结构进行分类。按地区可分为温带气旋、热带气旋和极地气旋性涡旋等；按热力结构可分为冷性气旋和热低压等。当某地被低气压控制时，常常出现阴雨天气；当某地被高气压控制时，常常出现晴朗天气。

图6-1天气图北侧标注了一个高压中心，即为反气旋。反气旋是占有三维空间的大尺度的空气涡旋。反气旋区气流自中心向外，在北半球沿顺时针方向旋转，在南半球沿逆时针方向旋转。反气旋是等压线呈闭合、气压值自中心向外递减的高压区，故又称高压。反气旋按热力状况可分为冷性反气旋和暖性反气旋；按其地理位置可分为温带反气旋和副热带反气旋。

反气旋的近地面气流在水平方向由中心向四周辐射，垂直方向的空气自上而下补充。因为空气在下沉过程中温度升高，水汽不易凝结，所以反气旋控制的地区多为晴朗天气。我国北方广大地区，在秋季经常出现的"秋高气爽"天气，就是在反气旋系统控制下形成的。

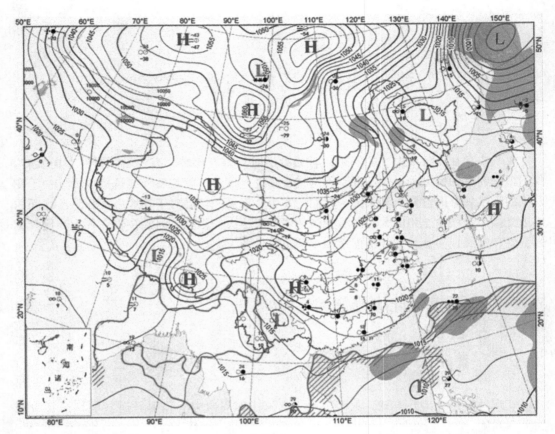

图 6-1　2018 年 12 月 25 日气旋（L）和反气旋（H）在地面天气图上的表示

资料来源：中央气象台，http://www.nmc.cn/publish/observations/china/dm/weatherchart-h000.htm。

6.1.2　气旋和反气旋的水平尺度

气旋和反气旋的水平尺度（范围）以最外围一条闭合等压线的直径长度来表示。气旋的直径平均 1 000 km，大的可达 3 000 km，小的只有 200 ～ 300 km 或更小些。就平均情况而言，东亚气旋一般要比欧洲和北美气旋的水平尺度小。

反气旋的范围一般比气旋大得多，大的反气旋可以和最大的大陆或海洋相比，例如冬季亚洲大陆的反气旋，往往占据整个亚洲大陆面积的四分之三。

6.1.3　气旋和反气旋的强度

气旋和反气旋的强度一般用其中心气压来表示。气旋中心气压值越低，气旋越强；反之，气旋越弱。

地面气旋的中心气压值一般为 970 ～ 1 010 hPa。发展得十分强大的气旋中心气压值可低于 935 hPa。强台风的中心气压值还要低得多。1973 年 10 月 6 日 0 时 20 分在菲律宾东部海面上曾出现过 877 hPa 的台风中心。

地面反气旋的中心气压值一般在 1 020 ～ 1 030 hPa 之间。冬季东亚大陆上反气旋的中心气压值可达到 1 040 hPa，最高的曾达到 1 083.8 hPa（出现在 1968 年 12 月 31 日中西伯利亚北部）。就平均情况而言，温带气旋与反气旋的强度，冬季都比夏季强。海上的温带气旋比陆地上的强，海上的温带反气旋则比陆地上的弱。

6.1.4　气旋和反气旋的种类

气旋和反气旋的分类方法较多，通常按其形成和活动的主要地理区域或其热力结构的不同进行分类。

气旋根据其形成的地理区域可以划分为两种类型：一种是温带气旋，大多数的温带气旋为锋面气旋；另一种是热带气旋，是发生在热带洋面上强烈的气旋性涡旋。

根据气旋形成的热力结构进行划分，若是气旋形成伴随锋面，则称之为锋面气旋。锋面气旋一般由冷暖气团组成，其中有锋面，移动性较大。若是没有形成锋面，则称之为无锋气旋。无锋气旋往往包含两种气旋，一种是热带气旋；另一种是由于地形作用或下垫面的加热作用而产生的热低压，即地方性气旋。

反气旋根据其形成的地理区域可划分为极地反气旋、温带反气旋和副热带反气旋等。若是根据热力结构，则可以划分为两种类型。一种是冷性反气旋，是活动在中高纬度大陆近地面层的反气旋，习惯上称其为冷高压。当冷高压主体从北方或西北方南下到达一定纬度静止时，其前方常扩散出一股股向偏南方向移动的冷空气，在气压上表现为小的冷高压或高压脊，它们一般移动很快。锋面气旋的冷锋后面的小高压即属此类移动性的冷高压。冬半年强大的冷高压南下，可造成 24 小时降温超过 10 ℃的寒潮天气。另一种是暖性反气旋，是出现在副热带地区的高压。北半球的副热带高压主要有太平洋高压和大西洋高压。副热带高压较少移动，但有季节性的南北位移和中、短期的东西进退。

6.1.5　气旋和反气旋的变性

不同类型的气旋或反气旋，在一定条件下会互相转化。如锋面气旋可在一定条件下（当其处在消亡阶段时）转化为无锋气旋（冷性低压）；无锋气旋（如热低压）可因一定条件（如有冷空气进入）转变为锋面气旋。又如冷性反气旋，当其南下变性到一定程度，就可转化为暖性反气旋。

热带气旋变性为温带气旋，需要受到海温降低、冷空气、西风斜压能和垂直风切变等因素的共同影响。热带气旋有暖心结构，即中心区域内很热。低纬度海面海温高，使热带气旋维持暖心结构，有利于热带气旋的运行和加强。而纬度高了以后，海温降低，加上有冷空气，热带气旋的暖心结构无法维持，热带气旋就会减弱。因此，当热带气旋往北移入西风带后，一方面受到冷空气的入侵，另一方面因纬度关系，海面的水温也降低了，热带气旋一般会减弱至 13 级以下。然后，热带气旋的系统结构发生变化，出现锋面系统，其中心的温度场不再呈暖心结构，而是变成了冷心结构，低压中心随高度变化由垂直变为有相当大的倾斜，其失去了热带气旋所特有的性质而变成了温带气旋。这个过程即所谓热带气旋的变性。例如，2018 年第 21 号台风飞燕就是典型的热带气旋减弱为强热带风暴（风力为 10 ～ 11 级），在登陆日本海北部后变性为温带气旋。

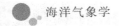

热带气旋变性为温带气旋后，灾害形式仍然是狂风暴雨和风暴潮，它会继续在高纬度海域兴风作浪，只是强度比在低纬度海域时弱。

6.2 温压系统的空间结构

气压系统随高度的变化取决于气压场和平均温度场（或厚度场）的配置情况，即温压场的结构。在静力平衡条件下，由于暖空气中气压随高度递减比冷空气中慢，因此，即使底层等压面的高度在暖空气中比在冷空气中低，但到一定高度后，等压面高度在暖空气中也会比在冷空气中高。这就是说，在一定高度以上，气压梯度或位势梯度的方向，将由原来在底层中从冷区指向暖区变为从暖区指向冷区。

根据温压场的配置情况的不同，气压系统可分为3类。

（1）浅薄系统。此类系统的特点是：气压场的高压中心与温度场的冷中心基本重合（这种系统被称为冷性高压），或气压场的低压中心与温度场的暖中心基本重合（这种系统被称为暖性低压），其厚度梯度（平均温度梯度）与气压梯度（位势梯度）方向相反。因此，随着高度的升高，气压梯度逐渐减小，到达某一高度处水平气压梯度为零，其高、低气压系统的痕迹全部消失。再向上，气压梯度的方向就与厚度梯度一致，变成和底层相反的气压系统。图6-2（a）所示的为冷性高压系统，图6-2（b）所示的为暖性低压系统。

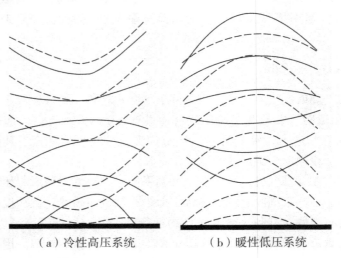

（a）冷性高压系统　　　　　（b）暖性低压系统

图6-2　浅薄系统

注：虚线为等温线；实线为等压线。改自朱乾根等，2000年。

（2）深厚系统。此类系统的特点是：气压场的高压中心与温度场的暖中心基本重合（这种系统被称为暖性高压），或气压场的低压中心与温度场的冷中心基本重合（这种系统被称为冷性低压），其厚度梯度（平均温度梯度）与气压梯度（位势梯度）方向一致。因此，随着高度的升高，等压面的坡度会越来越大，系统就越来越明显。对于冷低压，其中心温度最低，因此低压中心的气压随高度降低得较四周的快，越到高空冷低压越强。而对于暖高压，由于其中心温度最高，因此高压中心的气压随高度降低得较四周的慢，越到高空其暖高压越强。深厚系统一般在从地面到 500 hPa 以上的等压面图上，其等高线都能保持闭合。图 6 - 3 （a）所示的为冷性低压系统，图 6 - 3 （b）所示的为暖性高压系统。

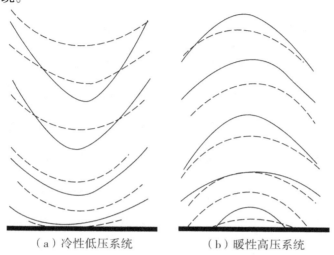

（a）冷性低压系统　　　　　（b）暖性高压系统

图 6 - 3　深厚系统

注：虚线为等温线；实线为等压线。改自朱乾根等，2000 年。

上述浅薄系统和深厚系统，由于温压场配置是对称的，因此它们被统称为温压场对称系统。上面讲述的冷低压、暖高压、暖低压和冷高压均属于温压场对称系统。

（3）中性系统。这类系统在地面图上表现为冷、暖中心与高、低压中心不重合的气压系统。由于温压场配置表现不对称，因此，这类系统又被称为温压场不对称系统。

中纬度地区，多数系统（锋面气旋等）都是温压场不对称系统（如图 6 - 4 所示），其轴线大都倾斜。这样，地面等压线闭合的高、低压，到高空变成槽脊形式，并且温度槽（脊）常落后于气压槽（脊）。而地面低（高）压处于高空槽（脊）的前部，使低压上空为暖平流，高压上空为冷平流，有利于地面气旋与反气旋的发生和发展。

6.3　海洋中的冷涡与暖涡

海洋中也存在与反气旋和气旋十分相近的现象，存在气旋式和反气旋式环流，伴随着暖涡和冷涡。

反气旋式环流与大气中的反气旋类似，其内部海面高度高于平均海平面，有顺时针流速，并且多数情况下涡旋内部温度高于涡旋外部。海洋中反气旋式环流大多是暖性高

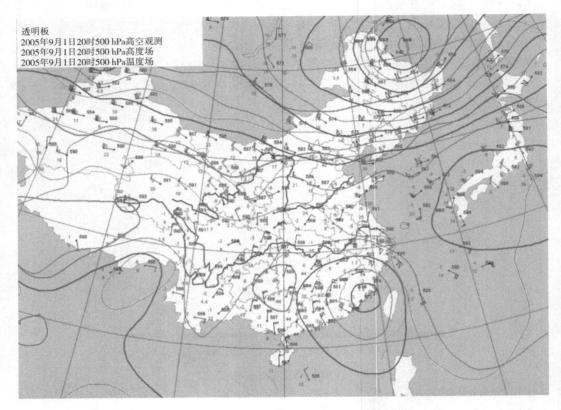

透明板
2005年9月1日20时500 hPa高空观测
2005年9月1日20时500 hPa高度场
2005年9月1日20时500 hPa温度场

图 6 - 4　2005 年 9 月 1 日温压不对称系统

资料来源：中央气象台，http://www.nmc.cn/。

压系统，很少暖性低压系统。气旋式环流内部海面高度低于平均海平面，有逆时针流
速，涡旋内部温度一般低于涡旋外部，为冷性低压系统。图 6 - 5 中两个橙色中心就是
反气旋式环流，而两边的浅蓝色与深蓝色中心即为气旋式环流。

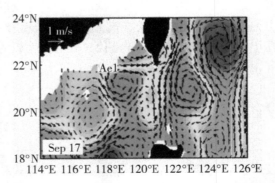

图 6 - 5　2015 年 9 月 17 日冷涡与暖涡示意图

注：图中彩色区为海平面高度异常，矢量为地转流。

　　中尺度涡以长期封闭环流为主要特征，通常典型的空间尺度为 50 ～ 500 km，时间尺度为几天到上百天，是海洋物理环境的一个重要组成部分。中尺度涡有相当大的动能，在海洋运动能量谱中是一个显著的峰区，它不仅直接影响着海洋中温盐结构以及流速分布，还能输送动量、热量及其他示踪物。

　　海洋中尺度涡旋也是三维的。由于大洋观测的局限性，现在对中尺度涡旋的结构基本通过实测和遥感数据进行构建，图 6-6 展示了中尺度涡旋的三维结构案例。该涡旋呈圆锥形，涡旋表面是逆时针的冷涡，随着深度的增加，冷涡逐渐减弱，在最底层就不再闭合了。这说明了中尺度涡随着深度的增大逐渐削弱的情况。真实海洋中的涡旋也存在温度场与海面高度场不对称现象，需要更全面的实测数据进行仿真模拟。

　　南海涡旋的产生机制可简单归纳为：风及风应力旋度，风与地形的相互作用，流与地形的相互作用，流的涡度输运，流的不稳定，黑潮入侵、黑潮脱落及黑潮的斜压不稳定等。越南以东海域也是涡旋高发区之一，这与越南以东海域是南海内部的动力活跃区，以及西边界流主轴区域为季节内信号和涡动能高值区有着密切联系。地形有利于局地中小尺度涡旋的形成和维持，同时侧摩擦和底摩擦可以有效地消耗从海洋内区进入边界的能量，又可以抑制涡旋过度发展。北部气旋南部反气旋的偶极子式涡旋其年际变异与风场的年际变化和 ENSO 等都有密切关系。

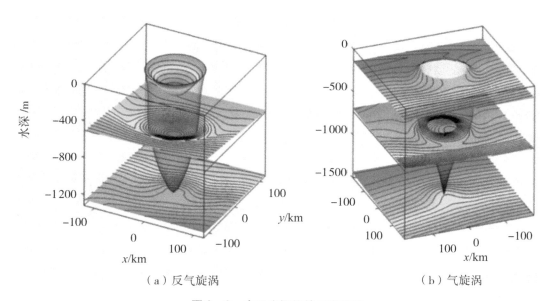

（a）反气旋涡　　　　　　　　　　（b）气旋涡

图 6-6　中尺度涡旋的三维结构

注：引自 Zhang 等，2014 年。

　　海洋表面的中尺度涡旋也会受到大气的影响。如图 6-7 所示，在北半球，当海平面大气为反气旋时，风场由高压中心指向外部。因为受科氏力的影响，在海面上由风场引起的表层埃克曼流方向与风场方向呈 45°向右偏转，因此，反而形成了辐散的海洋流动，海平面下降。当海平面表层大气为气旋时，此时风场由外部指向低压中心，基于相同的原因，会形成辐聚的情况，造成海平面上升。

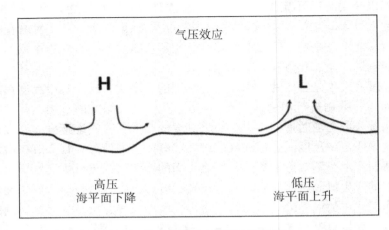

图 6 -7   大气对中尺度涡的影响

6.4   涡度与涡度方程

在天气实践和理论研究中发现，在大尺度天气系统的演变过程中，大气基本是做涡旋运动的，这种涡旋运动的变化直接关系着天气系统的发生、发展和移动，因此必须研究涡旋运动的特点，探讨其规律及其与其他运动形式的关系。根据运动方程推导出的速度涡度方程就是描述涡旋运动规律的基本方程。

6.4.1   达因补偿原理

对于气旋和反气旋，从气压场来说，是指其中心的气压发生变化；从流场来说，是指其中心的涡度发生变化。

天气分析表明，气旋和反气旋一方面处在不断移动的过程中，另一方面在移动中又经历着强度、范围变化以至消亡的过程。在实际大气中，在自海平面到大气顶部的整个气柱中，既不是全为辐散，也不是全为辐合，而是辐散和辐合在垂直方向上互相叠置成几层，并且在同一高度的气层里，辐散和辐合区也是相间出现。

最简单的叠置情况是低空辐合、高空辐散，或者是低空辐散、高空辐合（如图 6 -8 所示）。在对流层中层，大致在 500 ~ 600 hPa 之间，辐散和辐合最小，可视其为无辐散层。这种在低空辐合（辐散）区域上空叠置辐散（辐合）的区域现象叫作达因补偿。由补偿原理可以推测地面和高空的流型应有所不同，地面气旋和反气旋发展的物理原因最终必须到高空去找。这个观点构成了用高空流场预报低层系统发展的理论基础。

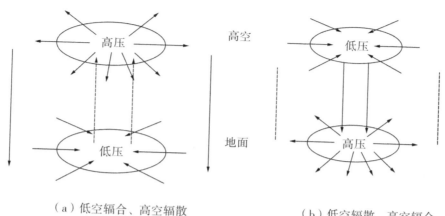

（a）低空辐合、高空辐散　　　　　　　　　　（b）低空辐散、高空辐合

图6-8　气流层的叠置现象

注：引自朱乾根等，2000年。

6.4.2　涡度

6.4.2.1　速度涡度（涡度）的概念

当大气中的风速在空间分布不均匀，即存在着风矢量差异（切变）时，会产生旋转运动。我们用速度涡度来描述大气流场的旋转特征。速度涡度也称涡度，往往是流体旋转程度的微观表达，是表示流体微团（质块）旋转程度和旋转方向的物理量。流场中某一质块的涡度定义为质块速度的旋度，其单位是 s^{-1}，表达式为

$$\vec{\zeta} = \nabla \times \vec{V}$$

(6.1)

6.4.2.2　绝对涡度与相对涡度

从外太空观察到的地球大气的速度称为绝对速度，表达式为

$$\vec{V}_a = \vec{V} + \vec{V}_e$$

(6.2)

从外太空观察到的地球大气的涡度值称为绝对涡度，表达式为

$$\vec{\zeta}_a = \vec{\zeta} + \vec{\zeta}_e$$

(6.3)

地球大气相对于地球的涡度为相对涡度，用 $\vec{\zeta}$ 表示；行星涡度又称地转涡度或牵连涡度，是指由行星产生的涡度，用 $\vec{\zeta}_e$ 表示。

6.4.2.3　涡度的物理意义

由于大气运动是三度空间的，既有水平运动也有垂直运动，其速度的分布是不均匀的，因此，空间速度涡度也分为水平涡度和垂直涡度。垂直涡度是指在水平面上绕铅直轴旋转的涡度，水平涡度是指在垂直面上绕水平轴旋转的涡度。

由于大气中的大尺度运动是准水平的，大气基本上是做水平运动，因此，这里重点讨论垂直涡度。垂直涡度即涡度的垂直分量（相对涡度），用来描述水平速度场的旋转特性。在 z 坐标系中，涡度的表达式为

$$\vec{\zeta} = \nabla \times \vec{V} = \begin{vmatrix} \vec{i} & \vec{j} & \vec{k} \\ \dfrac{\partial}{\partial x} & \dfrac{\partial}{\partial y} & \dfrac{\partial}{\partial z} \\ u & v & w \end{vmatrix} \tag{6.4}$$

展开为

$$\vec{\zeta} = \vec{i}\left(\frac{\partial w}{\partial y} - \frac{\partial u}{\partial z}\right) + \vec{j}\left(\frac{\partial u}{\partial z} - \frac{\partial w}{\partial x}\right) + \vec{k}\left(\frac{\partial v}{\partial x} - \frac{\partial u}{\partial y}\right) \tag{6.5}$$

其中，垂直涡度为

$$\zeta_z = \frac{\partial v}{\partial x} - \frac{\partial u}{\partial y} \tag{6.6}$$

当水平速度分布不均匀，即有水平速度切变存在时，空气微团在运动的过程中就有可能产生水平面上绕垂直 z 轴旋转的涡度，其旋转速度可以用水平速度的切变（$\frac{\partial u}{\partial y}$ 或 $\frac{\partial v}{\partial x}$）来表示。

在一般情况下，由于基本气流并非正南方向或正东方向，因此沿轴的速度切变 $\frac{\partial u}{\partial y}$ 与 $\frac{\partial v}{\partial x}$ 同时存在，故必须用 $\zeta_z = \frac{\partial v}{\partial x} - \frac{\partial u}{\partial y}$ 来度量空气微团的旋转特性。公式表示出空气微团绕垂直轴旋转的特性：当 $\zeta_z > 0$ 时，表示空气微团做逆时针方向旋转；当 $\zeta_z < 0$ 时，表示空气微团做顺时针方向旋转；当 $\zeta_z = 0$ 时，表示空气微团无旋转运动。

6.4.2.4　地转风涡度

在 p 坐标系中，相对涡度的垂直分量可以写为

$$\zeta_p = \left(\frac{\partial v}{\partial x}\right)_p - \left(\frac{\partial u}{\partial y}\right)_p \tag{6.7}$$

略去下标后，可以简写为

$$\zeta = \frac{\partial v}{\partial x} - \frac{\partial u}{\partial y} \tag{6.8}$$

由于大尺度大气运动是准地转的，用地转代替实际风，即得地转涡度为

$$\zeta_g = \frac{\partial v_g}{\partial x} - \frac{\partial u_g}{\partial y} \tag{6.9}$$

将地转风公式代入，得

$$\zeta_g = \frac{g}{f}\left(\frac{\partial^2 z}{\partial x^2} + \frac{\partial^2 z}{\partial y^2}\right) \tag{6.10}$$

或

$$\zeta_g = \frac{9.8}{f}\left(\frac{\partial^2 z}{\partial x^2} + \frac{\partial^2 z}{\partial y^2}\right) \tag{6.11}$$

假设存在一个低压槽，如图 6 - 9 所示，槽中等高线均匀分布，点 O 处 $\frac{\partial u_g}{\partial y} = 0$，槽前地转风偏南 $v_g(d) > 0$，槽后地转风偏北 $v_g(b) < 0$，故 $\frac{\partial v_g}{\partial x} > 0$，因而 $\zeta_{g_0} > 0$，由此可

知，点 O 的正涡度主要是由等高线（或流线）的弯曲引起的。

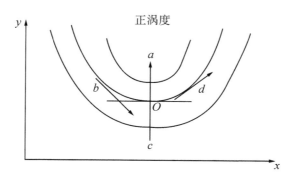

图 6－9　低压槽中的涡度变化

注：引自朱乾根等，2000 年。

6.4.2.5　常见的三种天气形式中涡度的分布

（1）平直西风流场。如图 6－10（a）所示，中间等高线密集处为最大风速区。由于等高线平直，故无曲率涡度。设在点 O，切变涡度也为零，则点 O 处的地转风涡度为零，因此点 A 的地转风为气旋式切变，具有正地转风涡度，点 B 的地转风为反气旋式切变，具有负地转风涡度。也就是说，高空最大风速区（急流区）以北常为正涡度区，而其以南常为负涡度区，且零涡度线与急流轴近似平行。

（2）气旋式流场。如图 6－10（b）所示，A、O、B 三点的曲率涡度均为正值，而点 O 的切变涡度为零，故点 O 总的地转风涡度为正值；点 A 的切变涡度为正值，故点 A 总的地转风涡度为正值。

（3）反气旋式流场。如图 6－10（c）所示，A、O、B 三点的曲率涡度均为负值，而点 O 的切变涡度为零，故点 O 总的地转风涡度为负值；点 B 的切变涡度为负值，故点 B 总的地转风涡度为负值。

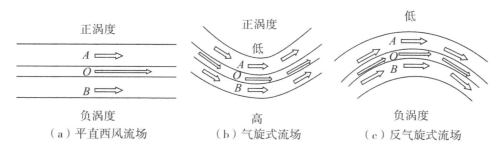

图 6－10　常见的三种天气形式中涡度的分布

注：改自朱乾根等，2000 年。

6.4.2.6　行星涡度

地球上任一点的牵连速度为 $\vec{V_e} = \vec{\Omega} \times \vec{R}$，其大小为 ΩR，方向向东。在自然坐标系

中，有 $\dfrac{\partial V_e}{\partial n} = -\dfrac{\partial V_e}{\partial R}$，于是，行星涡度为 $\zeta_e = 2\Omega$，即行星涡度的方向与地球自转角速度的方向一致，其大小为地球自转角速度的 2 倍。因此，绝对涡度垂直分量为：

$$(\zeta_a)_z = \zeta_a + 2\Omega\sin\phi \qquad (6.12)$$

$$(\zeta_a)_p = \zeta_p + 2\Omega\sin\phi \qquad (6.13)$$

$$\zeta_a = \zeta + 2\Omega\sin\phi \qquad (6.14)$$

对其进行尺度分析，涡度的特征量为 $\zeta \sim \dfrac{V}{L}$。一般 $V \sim 10^1$，在大尺度运动系统中 $L \sim 10^6$，故 $\zeta \sim 10^{-5}$；在中尺度运动系统中 $L \sim 10^5$，故 $\zeta \sim 10^{-4}$；在小尺度运动系统中 $L \sim 10^4$，故 $\zeta \sim 10^{-3}$；在中高纬度 $f \sim 10^{-4}$，故在北半球中高纬度地区的大尺度运动系统中，绝对涡度 ζ_a 总是正值，只有在反气旋很强的地区 $\zeta_a \approx 0$。

6.4.3 涡度方程

6.4.3.1 涡度方程的推导

对 z 坐标系涡度方程进行推导，以下为 x，y 方向的运动方程：

$$\frac{\partial u}{\partial t} + u\frac{\partial u}{\partial x} + v\frac{\partial u}{\partial y} + w\frac{\partial u}{\partial z} - fv = -\frac{1}{\rho}\frac{\partial p}{\partial x} \qquad (6.15)$$

$$\frac{\partial v}{\partial t} + u\frac{\partial v}{\partial x} + v\frac{\partial v}{\partial y} + w\frac{\partial v}{\partial z} + fu = -\frac{1}{\rho}\frac{\partial p}{\partial y} \qquad (6.16)$$

对方程（6.15）进行 y 方向求导，对方程（6.16）进行 x 方向求导，得

$$\frac{\partial}{\partial t}\left(\frac{\partial u}{\partial y}\right) + \frac{\partial u}{\partial x}\frac{\partial u}{\partial y} + u\frac{\partial}{\partial x}\left(\frac{\partial u}{\partial y}\right) + \frac{\partial v}{\partial y}\frac{\partial u}{\partial y} + v\frac{\partial}{\partial y}\left(\frac{\partial u}{\partial y}\right) + \frac{\partial w}{\partial y}\frac{\partial u}{\partial z}$$
$$+ w\frac{\partial}{\partial z}\left(\frac{\partial u}{\partial y}\right) - f\frac{\partial v}{\partial y} - v\frac{\partial f}{\partial y} = -\frac{1}{\rho}\frac{\partial}{\partial y}\left(\frac{\partial p}{\partial x}\right) + \frac{1}{\rho^2}\frac{\partial p}{\partial x}\frac{\partial \rho}{\partial y} \qquad (6.17)$$

$$\frac{\partial}{\partial t}\left(\frac{\partial v}{\partial x}\right) + \frac{\partial u}{\partial x}\frac{\partial v}{\partial x} + u\frac{\partial}{\partial x}\left(\frac{\partial v}{\partial x}\right) + \frac{\partial v}{\partial x}\frac{\partial v}{\partial y} + v\frac{\partial}{\partial y}\left(\frac{\partial v}{\partial x}\right) + \frac{\partial w}{\partial x}\frac{\partial v}{\partial z}$$
$$+ w\frac{\partial}{\partial z}\left(\frac{\partial v}{\partial x}\right) + f\frac{\partial u}{\partial x} + u\frac{\partial f}{\partial x} = -\frac{1}{\rho}\frac{\partial}{\partial x}\left(\frac{\partial p}{\partial y}\right) + \frac{1}{\rho^2}\frac{\partial p}{\partial y}\frac{\partial \rho}{\partial x} \qquad (6.18)$$

用式（6.18）减去式（6.17），得

$$\frac{\partial}{\partial t}\left(\frac{\partial v}{\partial x} - \frac{\partial u}{\partial y}\right) + u\frac{\partial}{\partial x}\left(\frac{\partial v}{\partial x} - \frac{\partial u}{\partial y}\right) + v\frac{\partial}{\partial y}\left(\frac{\partial v}{\partial x} - \frac{\partial u}{\partial y}\right) + w\frac{\partial}{\partial z}\left(\frac{\partial v}{\partial x} - \frac{\partial u}{\partial y}\right)$$
$$+ \left(\frac{\partial v}{\partial x} - \frac{\partial u}{\partial y}\right)\left(\frac{\partial u}{\partial x} + \frac{\partial v}{\partial y}\right) + \frac{\partial w}{\partial x}\frac{\partial v}{\partial z} - \frac{\partial w}{\partial y}\frac{\partial u}{\partial z} + f\left(\frac{\partial u}{\partial x} + \frac{\partial v}{\partial y}\right)$$
$$= \frac{1}{\rho^2}\left(\frac{\partial p}{\partial y}\frac{\partial \rho}{\partial x} - \frac{\partial p}{\partial x}\frac{\partial \rho}{\partial y}\right) - u\frac{\partial f}{\partial x} - v\frac{\partial f}{\partial y} \qquad (6.19)$$

因为（垂直）相对涡度为 $\zeta_z = \dfrac{\partial v}{\partial x} - \dfrac{\partial u}{\partial y}$，所以涡度方程变为

$$\frac{\partial \zeta_z}{\partial t} + u\frac{\partial \zeta_z}{\partial x} + v\frac{\partial \zeta_z}{\partial y} + w\frac{\partial \zeta_z}{\partial z} + (\zeta_z + f)\left(\frac{\partial u}{\partial x} + \frac{\partial v}{\partial y}\right) + \frac{\partial w}{\partial x}\frac{\partial v}{\partial z} - \frac{\partial w}{\partial y}\frac{\partial u}{\partial z}$$
$$= \frac{1}{\rho^2}\left(\frac{\partial p}{\partial y}\frac{\partial \rho}{\partial x} - \frac{\partial p}{\partial x}\frac{\partial \rho}{\partial y}\right) - u\frac{\partial f}{\partial x} - v\frac{\partial f}{\partial y} \qquad (6.20)$$

而 $\dfrac{\partial f}{\partial y} = \dfrac{\partial(2\Omega\sin\varphi)}{a\partial\varphi} = \dfrac{2\Omega\cos\varphi}{a} = \beta$，因此，涡度方程变为

$$\frac{\partial \zeta_z}{\partial t} = -\vec{V}_{\mathrm{h}} \cdot \nabla_{\mathrm{h}}\zeta_z - v\beta - w\frac{\partial \zeta_z}{\partial z} - (\zeta_z + f)\nabla \cdot \vec{V}_{\mathrm{h}}$$

$$- \left(\frac{\partial w}{\partial x}\frac{\partial v}{\partial z} - \frac{\partial w}{\partial y}\frac{\partial u}{\partial z}\right) + \frac{1}{\rho^2}\left(\frac{\partial p}{\partial y}\frac{\partial \rho}{\partial x} - \frac{\partial p}{\partial x}\frac{\partial \rho}{\partial y}\right) \qquad (6.21)$$

6.4.3.2 涡度方程的物理意义

公式（6.21）为涡度方程，其中 ζ_z 为相对涡度，f 为地转涡度，$\zeta_z + f$ 为绝对涡度，方程左端的 $\dfrac{\partial \zeta_z}{\partial t}$ 表示相对涡度的局地变化，方程右端是造成相对涡度局地变化的原因，其各项的物理意义如下。

（1）相对涡度平流项：$\left(\dfrac{\partial \zeta_z}{\partial t}\right)_1 = -\vec{V}_{\mathrm{h}} \times \nabla_{\mathrm{h}}\zeta_z$。该项是由相对涡度水平分布不均匀和大气的水平运动所引起的局地涡度变化，其意义与温度平流类似。例如，当空气微团在水平运动中保持涡度不变时，若甲、乙两地涡度不等，则当空气微团由甲地移至乙地时，必然会引起乙地涡度的变化。这种由于涡度分布不均匀而使空气在水平运动时引起涡度水平输送所产生的涡度局地变化，简称为涡度平流。

低压槽处会形成正涡度，相反，脊会形成负涡度。因此，在槽前脊后就是正涡度向负涡度移动，此时为正涡度平流；而在脊前槽后是负涡度向正涡度移动，为负涡度平流，如图 6-11 所示。因此，在槽前脊后区域，涡度值将会增大，使等压面下凹；而在脊前槽后区域，涡度值会减小，使等压面上凸。这样，未来低槽将向东移。如果不仅槽前有正涡度平流，其东南部也有明显的正涡度平流，则槽不仅东移，还会向南伸展。

（2）地转涡度平流项：$\left(\dfrac{\partial \zeta_z}{\partial t}\right)_2 = -\left(u\dfrac{\partial f}{\partial x} + v\dfrac{\partial f}{\partial y}\right) = -v\dfrac{\partial f}{\partial y} = -v\beta$。

这一项又被称为南北运动项或 β 效应项，是由地球自转涡度 f 随纬度的变化而引起的。正负涡度平流分布的原因是：在北半球，由于 $f>0$，$\dfrac{\partial f}{\partial y}>0$，$\dfrac{\partial f}{\partial x}=0$。当吹南风（$v>0$）时，$-v\dfrac{\partial f}{\partial y}<0$，有负的牵连涡度平流，引起局地涡度减小，$\dfrac{\partial \zeta_z}{\partial t}<0$；当吹北风（$v<0$）时，$-v\dfrac{\partial f}{\partial y}>0$，有正的牵连涡度平流，引起局地涡度增大，$\dfrac{\partial \zeta_z}{\partial t}>0$。

（3）相对涡度的垂直输送项：$\left(\dfrac{\partial \zeta_z}{\partial t}\right)_3 = -w\dfrac{\partial \zeta_z}{\partial z}$。

这一项是指由相对涡度的垂直分布不均匀，使当有垂直运动时，气块从一个高度携带相对涡度到达另一个高度所引起的另一个高度上的涡度局地变化。

（4）水平散度项：$\left(\dfrac{\partial \zeta_z}{\partial t}\right)_4 = -(\zeta_z + f)\nabla \cdot \vec{V}_{\mathrm{h}}$。

该项表示空气的辐合和辐散所引起的绝对涡度的局地变化。一般来说，在中高纬度地区的大尺度运动中，相对涡度比地转涡度小一个数量级，故北半球上总有绝对涡度

海洋气象学

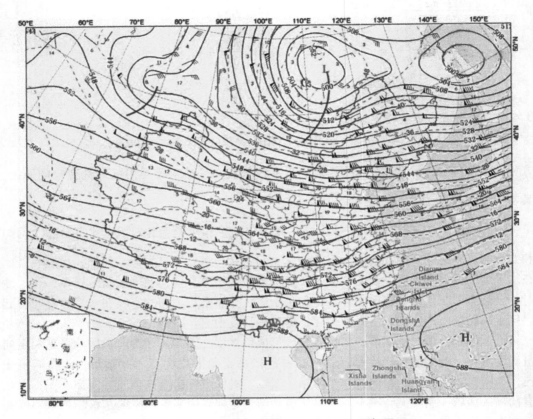

图 6−11 2018 年 12 月 24 日 500 hPa 天气图

注：蓝线为等高线，红色虚线为等温线。棕色为槽，槽前为正涡度平流，槽后为负涡度平流。资料来源：中央气象台。

$\zeta_z + f > 0$。因此，当有水平速度辐散（$\nabla \cdot \vec{V}_h > 0$）时，$\left(\dfrac{\partial \zeta_z}{\partial t}\right)_4 < 0$，即负涡度增加，局地涡度减小；反之，当有水平速度辐合（$\nabla \cdot \vec{V}_h < 0$）时，$\left(\dfrac{\partial \zeta_z}{\partial t}\right)_4 > 0$，即正涡度增加，局地涡度增加。

（5）涡度倾侧项（或涡度转换项）：$\left(\dfrac{\partial \zeta_z}{\partial t}\right)_5 = \dfrac{\partial w}{\partial y}\dfrac{\partial u}{\partial z} - \dfrac{\partial w}{\partial x}\dfrac{\partial v}{\partial z}$。

该项表示由水平方向的垂直速度分布不均匀，使涡度的水平分量转变为垂直分量所造成的涡度局地变化。

6.5 温带气旋与反气旋

在温带形成和活动的气旋和反气旋，大多是锋面气旋和冷性反气旋。对于锋面气旋，温度场和压强场的配置是其发展移动的关键因素。由于温带气旋和反气旋的温压场结构不相同，与其伴随的天气现象也极不相同。下面着重讨论它们的温压场结构及其演变过程。

6.5.1 温带气旋的生命史

早期的温带气旋模式是由 J. 皮叶克尼斯提出的。其突出的特点是：温带气旋形成于一条锋面上，在此锋面上有较强的温度对比和风的气旋式切变。根据气旋生成的波动学说，温带气旋主要生成于锋面的波动。从生成到消亡，一共可以分为 4 个阶段：波动阶段、成熟阶段、锢囚阶段以及消亡阶段。其整体的变化如图 6-12 所示。

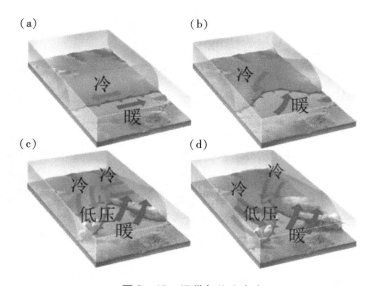

图 6-12 温带气旋生命史

注：引自 https://www.atmos.illinois.edu/~snodgrss/Midlatitude_cyclone.html。

初始时，冷暖气团间存在一个平直的锋面，如图 6-12（a）所示。

（1）波动阶段。波动阶段是指从气旋波动产生到绘出第一根闭合等压线为止的整个阶段，被称为锋面气旋的初生阶段。如图 6-12（b）所示，冷暖空气界面开始形成后，在气旋波动的东段，暖空气向冷空气推进，形成暖锋；在气旋波动的西段，冷空气向暖空气方向推进，形成冷锋。同时，围绕着波动产生了气旋性环流，环流中心气压下降，形成低压中心。

（2）成熟阶段。随着整个系统的不断加强，当出现一根以上的闭合等压线时，气旋被称为青年气旋。如图 6 – 12（c）所示，此时气旋式环流加强，地面冷、暖锋更加清楚，在对流层低层也出现了闭合等压线。冷空气进一步向南推进，冷锋附近出现阵雨或阵雪，暖锋区域也出现降水，降水区域扩大。

（3）锢囚阶段。地面气旋发展到最强阶段，开始锢囚。如图 6 – 12（d）所示，因为高空出现闭合中心，涡度平流减弱，所以地面气旋中心涡度减压因子也减弱，并偏离气旋中心。等高线与等温线的夹角已减小，温度偏离变小，热力因子造成的气压变化也减小。气旋发展到最深阶段并开始减弱，移动缓慢。此时，气旋低层已经基本上为冷空气所控制，只是各个部分程度有所不同，但高空温度对比仍然明显。此时摩擦影响已相对地增大，成为主要因子。

（4）消亡阶段。高空温压场已近于重合，成为一个深厚的冷低压系统。此时地面气旋也已变成一个冷低压系统，锋面已经移到气旋的外围，造成气压变化的涡度因子及热力因子都迅速减弱，摩擦辐合使气旋填塞而消亡。在整个过程中如有降水发生，则气旋将加速发展，降水越强，凝结潜热释放越多，气旋发展也越快、越强烈。

6.5.2　温带反气旋的发展

温带反气旋和锋面气旋一样，温带移动性反气旋的发展，也受影响气压变化的涡度因子和热力因子的支配。通常温带反气旋是从冷锋后部的一个微弱的地面高压脊中发展起来的，其发展过程可分为初生、发展和消亡三个阶段。

（1）初生阶段。反气旋的初生阶段，其高空温压场结构的主要特征为：等高线和等温线（或等厚度线）都是振幅不大的波动，温度场落后于高度场，地面高压脊位于高空高压脊前部。

（2）发展阶段。这阶段高空温压场的特征是：地面反气旋已发展到最盛时期，具有闭合中心和较多的闭合等压线。闭合等压线不仅在低空出现，而且在 500 hPa 等压面也可出现。

（3）消亡阶段。冷性反气旋的消亡过程有两种情况：一种是转化为暖性反气旋，然后减弱、消亡；另一种是减弱、消失或并入副热带高压中。

第一种情况：在消亡阶段，反气旋已成为一个深厚的、中心轴线垂直和温压场对称的准静止的暖性反气旋。

第二种情况：随着反气旋中的温度逐渐增高，其前方的冷锋逐渐锋消，且反气旋在南下过程中，下垫面的非绝热加热作用使低层的温度进一步增高，气团变性增暖，反气旋减弱，再加上摩擦作用，反气旋减弱、消亡或并入副热带高压中。这种情况多见于东亚地区。例如，西伯利亚和蒙古地区的冷性反气旋在高压脊前的西北气流引导下入侵我国，到达南方后，由于和下垫面热量交换，非绝热加热作用使其减弱，最后并入西太平洋副热带高压中。

6.5.3　气旋与反气旋的垂向结构

若高空槽前辐散，则引起气流上升，对应地面为气旋式环流，有助于气旋生成，同理，槽后辐合有助于地面反气旋生成。相反，若高低空均为辐合系统，则不利于地面气旋发展。在有利于气旋发展的条件下，高空槽位于地面气旋的西侧（如图6-13所示）。地面气旋的发展可由高空引导气流判断：这种条件下地面气旋的移动方向与高空槽移动方向一致，移动速度基本为500 hPa风速的一半。

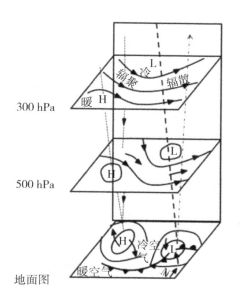

图6-13　气旋发展的有利背景与不利背景

6.5.4　气旋的再生与气旋族

6.5.4.1　气旋的再生

　　锋面气旋从形成到消亡的整个生命史，就其温压场结构来说，就是其内部温度差异由大到小，以致最后气旋完全被冷空气所充塞，温度差异完全消失的演变过程。从高层来看，就是由波状温压场变为闭合中心，由温度场落后于气压场变为两者重合的对称温压场结构的演变过程。

　　在已衰亡的锋面气旋内，若有新的温度差异重新出现，即水平温度梯度增大，其对称的温压场结构受到破坏，那么气旋的发展因子又起作用，锋面气旋又会重新发展起来。这种趋于消亡或已在消亡的气旋，在一定条件下又重新发展起来的过程，被称为气旋的再生。

　　在东亚地区，气旋的再生过程一般有以下3种情况。

　　（1）副冷锋加入后的再生。气旋在锢囚消亡阶段，环流最强，气旋后部的偏北气流带下的高纬度新鲜冷空气，与变性的冷空气之间构成新的温度差异，形成副冷锋。由于副冷锋的侵入，气旋重新活跃起来。东北低压常会出现这种情况。

　　（2）气旋入海后加强。气旋在大陆上已发展到锢囚并已开始衰亡，但到了海上又再度加强。我国东北低压有时发展到锢囚阶段就会开始填塞，当其东移入海后就可以再度发展。此外，华北及江淮地区有些低压在大陆上没有很大发展，但当它们东移入渤海、黄海及日本海后就能迅速发展。这一方面是因为海上的摩擦力影响比陆地小，另一方面是因为暖海上非绝热加热作用的影响。

（3）两个锢囚气旋合并加强。当第一个气旋锢囚后，移速变慢同时开始减弱，而后面第二个气旋还在发展，也开始锢囚，其移速较快并赶上第一个，两者合并，气旋再度发展。

6.5.4.2　气旋族

如图6－14所示，有时在一条锋上会出现一连串沿锋线顺次移动的气旋，最早的一个可能已经锢囚，其后跟着一个发展成熟的气旋，再后面跟着一个初生气旋等。称这种在同一条锋上出现的气旋序列为气旋族。

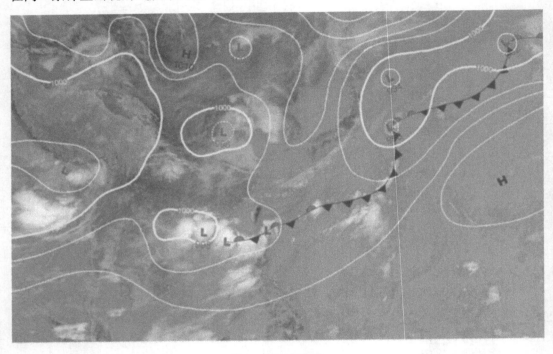

图6－14　气旋族

资料来源：中央气象台。

一般北半球常有4个气旋族同时存在。一个气旋族的气旋个数不等，多者可达5个，少则只有2个。据统计，大西洋上平均每族有4个气旋，太平洋和我国沿海上多是2～3个。一个气旋族经过某一区域的时间平均为5～6天，但也有长达10天或更长。

在温带地区，我国境内气旋族出现较少，单个气旋入海后在海上常有气旋族发展，欧洲单个气旋较少，而气旋族却常见。在中纬度的高空，像锁链一样的气旋一个挨着一个，首尾相接一直延伸到高纬度地区，景色非常美丽壮观。每一个气旋族都与一个高空大槽相对应，而气旋族中的每一个气旋都和大槽槽前的一个短波槽相对应。

我国东北低压、蒙古气旋、黄河气旋、江淮气旋和东海气旋等都属于温带气旋。它们的活动对东北、华北地区和江淮流域的天气有很大的影响。这些东亚气旋均可形成气旋族，尤其是在春夏两季气旋生成频繁之时。其中，江淮气旋在梅雨时期形成气旋族的次数最多，往往可见一个成熟的日本海气旋与一个正处于发展期的江淮气旋相接，其形成可能与梅雨锋在江淮流域停滞有关。

6.5.5 气旋与反气旋天气特征

6.5.5.1 锋面气旋的天气特征

（1）波动阶段。锋面气旋强度一般较弱，坏天气区域不广。暖锋前会形成雨层云，伴有连续性降水及较差的能见度，云层最厚的地方在气旋中心附近。当大气层结构不稳定时，如夏季，暖锋上也可出现雷阵雨天气。在冷锋后，大多是第二型冷锋天气。在气旋的暖区，如果是热带海洋气团，水汽充沛，则易出现层云或层积云，有时可出现雾和毛毛雨等天气现象；如果是热带大陆气团，由于空气干燥，则无降水，最多只有一些薄的云层。

（2）发展阶段。气旋区域内的风速普遍增大，气旋前部具有暖锋云系和天气特征。云系向前伸展很远，尤其是靠近气旋中心的部分，云区最宽，而离中心越远，云区越窄。气旋后部的云系和降水特征是属于第一型冷锋，还是属于第二型冷锋，则要视高空槽与地面锋线的配置情况及锋后风速的分布情况而定。若高空槽在地面锋线的后面，地面上垂直于锋的风速小，则属于第一型冷锋；若地面锋位于高空槽线附近或后部，则属于第二型冷锋。锋面气旋在卫星云图上表现为锋面云带隆起部分更为明显，中高云后界开始向云内凹。

（3）锢囚阶段。其内地面风速较大，辐合上升气流加强。当水汽条件充沛时，云和降水天气加剧，云系比较对称地分布在锢囚锋的两侧。

（4）消亡阶段。云和降水开始减弱，云底抬高。之后，随着气旋趋于消亡，云和降水区逐渐减弱消失。

以上特征都是基于假定气团是热力稳定的，若气团处于热力不稳定的状态，则气旋的各个部位都有可能发生对流性天气。

6.5.5.2 反气旋的天气特征

反气旋的中、下层，因有显著的辐散下沉运动，常是晴朗天气。同时，反气旋是由单一气团组成的，而且近地面层有明显的辐散，因此反气旋内天气分布比较均匀，但在其不同部位天气也有所不同。通常在反气旋的中心附近，下沉气流强，天气晴朗，有时在夜间或清晨还会出现辐射雾，日出后雾逐渐消散。如果有辐射逆温或上空有下沉逆温或者两者同时存在，则逆温层下面将会聚集水汽和其他杂质，底层能见度较差。当水汽较多时，在逆温层下往往出现层云、层积云、毛毛雨及雾等天气现象；在逆温层以上，能见度很好，碧空无云。反气旋的外围往往有锋面存在，边缘部分的上空有锋面逆温。反气旋的东部和东南部，因接近冷锋，常有较大的风力和较厚的云层，甚至有降水；反气旋的西部和西南部，冷锋往往处在高空槽前，上空有暖湿空气滑升，且有暖锋前天气。

规模较小的位于两个气旋之间的反气旋天气特征为：前部具有冷锋后部的天气特

征，后部具有暖锋前部的天气特征。当规模特大而强的冷性反气旋（即所谓寒潮高压）从西伯利亚和蒙古侵入我国时，能带来大量的冷空气，其所经之地，气温骤降，风速猛增，一般可达 10 ~ 20 m/s，有时甚至可达 25 m/s 以上。

6.5.6　热低压

在气旋分类中，有一种是无锋面气旋，热低压就是其中之一。热低压只出现在近地面层，一般到三四千米的高度就不明显了，它是浅薄而不大移动的暖性气压系统，按其形成过程通常可分为地方性热低压和锋前热低压。

（1）地方性热低压。由近地面层空气受热不均匀而形成，一般出现在暖季大陆上。当地表受到太阳的强烈照射后，由于地形和地表面的热力性质不同，地面增温不均，增温快的地区，空气温度高于四周，体积膨胀，单位气压高度差加大，于是该地上空的等压面向上凸起，产生自内向外的气压梯度力。在气压梯度力的作用下，空气向四周辐散，使该地上空空气柱的质量减少，地面气压下降。这时，在低层产生自外向内的气压梯度力，使空气向中心区辐合上升，到高层又向外辐散。当高层的辐散气流占优势时，地面气压会下降，在地转偏向力的作用下，低层出现闭合的气旋性环流，于是就有热低压形成。

这种热低压的强度有明显的日变化，夜间和早晨，地面温度较低，热低压较弱，有时甚至消失；白天随着地面温度的增高，热低压逐渐增强，到午后达到最强；傍晚又随着地面温度的下降而减弱。

（2）锋前热低压。这种热低压出现在冷锋前的暖区里。其成因除局地受热不均匀之外，主要是冷锋前的暖区上空有暖平流，引起地面降压。当热低压上空暖平流继续存在或增强时，热低压继续增强，反之则会减弱。

6.6　热带气旋与温带气旋的异同

热带气旋的台风与温带气旋的相同点在于，两者都是空气旋涡，也都是低压系统，从卫星云图的外观上看，温带气旋有时也有清晰的"风眼"，并且两者都会带来风雨影响。

属于热带气旋的台风与温带气旋相比，也有以下不同：

（1）生成区域不同。温带气旋一般出现在温带，在中高纬度地区活动；台风一般在西北太平洋和南海生成。当然，在热带与温带的过渡带上，两个系统可能会发生性质上的变化，热带气旋也可能转化为温带气旋。

（2）尺度大小不同。温带气旋"个头"普遍比热带气旋大，直径从几百千米到3 000 千米不等，平均直径为 1 000 千米。

（3）两者结构不同。热带气旋与温带气旋有结构性差异。台风为正压、无锋面的暖心系统，主要依靠来自热带海洋的水汽和热量来维持和发展，发展强烈时中心会出现晴空区,即台风眼,主要活跃在夏季。温带气旋为斜压、有锋面的冷心系统,主要依靠西风带的斜压能来维持和发展,通常前部为暖锋,后部为冷锋,一年四季都可能发生,陆地和海洋上都可以生成。

（4）带来的天气不同。台风带来的影响性天气主要是风雨等,而温带气旋带来的天气就比较丰富,除了常见的狂风暴雨之外,还有雾、沙尘、强对流和暴风雪等。

（5）影响区域不同。台风带来的风雨天气主要出现在台风眼周围的区域,以台风眼为中心向四周辐射风雨影响。温带气旋是冷暖空气交汇形成的,它在冷暖空气相遇的一条冷、暖锋面区域上"部署"风雨。正是这种呈线型分布的灾害天气,使温带气旋的路径及影响预报与台风的预报方式有所不同。

6.7 东亚气旋与反气旋

6.7.1 东亚气旋的源地、路径和移速

6.7.1.1 东亚气旋的源地

根据多年的统计分析,可以发现,东亚地区的气旋主要发生在两个地区。一个位于 25°N ～ 35°N 之间,即我国的江淮流域、东海和日本南部海面的广大地区,习惯上称这些地区的气旋为南方气旋。南方气旋有江淮气旋和东海气旋等,其中,江淮气旋生成地主要在长江中下游、淮河流域和湘赣地区,而东海气旋活动于东海地区,有的是江淮气旋东移入海后改称的,有的是在东海地区生成的。另一个位于 45°N ～ 55°N 之间,以黑龙江、吉林与内蒙古的交界地区最多,习惯上称这些地区的气旋为北方气旋。北方气旋有蒙古气旋、东北气旋、黄河气旋和黄海气旋等。蒙古气旋多生成于蒙古中部和东部;东北气旋又称东北低压,多系蒙古气旋或河套、华北以及渤海等地气旋移到东北地区后改称的;黄河气旋生成于河套及黄河下游地区;黄海气旋生成于黄海,或是由内陆移来的气旋。

气旋源地的这种分布与东亚南北两支锋带是一致的。另外,处于太行山东侧的华北平原、日本海及哈萨克斯坦的巴尔喀什湖附近,也是气旋发生较多的地区。我国大陆 110°E 以西地区很少有气旋发生。我国长白山区和朝鲜、日本北部也是气旋发生相对少的地区。20°N 以南就没有锋面产生过锋面气旋。

6.7.1.2 爆发性气旋

当温带气旋发展速度满足 $\Delta P/24\ h \times \sin\phi/\sin 60° \geqslant 1\ hPa/h$ 时,称之为气旋爆发性发展,其中,ϕ 为气旋中心所在纬度,ΔP 为气旋中心气压 24 小时的变化。不论气旋中心在哪一纬度上,其中心气压的加深率只要 24 小时达到 24 hPa 或 12 小时达到 12 hPa,就可将其定义为爆发性气旋。

爆发性气旋俗称"气象炸弹",是冬半年中高纬度洋面强烈发展的锋面气旋,平均风速都在 20 m/s 以上,有时可达 40 ～ 60 m/s,可达到台风强度。其常伴有大范围的

9～11 级强风，具有很大的破坏力，使远洋船舶猝不及防。

爆发性气旋主要发生在北太平洋和北大西洋的西北部。东亚大陆及邻近海域很少有气旋做爆发性发展，而在其东侧的西北太平洋洋面（35°N～55°N，140°E～170°E）是爆发性气旋的高发海域，约占 82%，主要出现在 11 月至次年 3 月。在上述海域航行的船舶，应实时接受气象传真图，加强现场观测，密切关注爆发性气旋动向，做好应对措施。

统计西北太平洋海域 1987—1996 年各月爆发性气旋发生频数，可得 10 年中一共发生 157 个爆发性气旋，主要出现在 11 月至次年 4 月，约占全年总数的 90%，其中，冬季（12 月至次年 2 月）频率最高，夏季十分罕见。中心气压骤降，风力猛增，大风区范围迅速扩大是爆发性气旋的主要天气特征。虽然爆发性气旋只占气旋总数的 15%～20%，但由于强度大、发展快、范围广、难预报，常给海上航行的船舶带来严重威胁，往往造成海难事故。

6.7.1.3　东亚气旋移动速度

东亚锋面气旋的移动速度平均为 30～40 km/h。慢的只有 15 km/h 左右，快的高达100 km/h。一般在气旋的初生阶段快，锢囚或消亡阶段慢。在春季快，在夏季慢。

6.7.2　东亚反气旋

6.7.2.1　东亚反气旋活动地区

从反气旋频数分布看来，在从蒙古国西部到我国河套地区呈西北—东南向的狭长地带内，反气旋出现频数最高，并以此为中心向东北和西南方向减少。

冬半年冷性反气旋的脊可延伸到华南沿海，夏季偏北。一般活动在 40°N 以北地区。

6.7.2.2　东亚反气旋移动路径和速度

进入我国的温带反气旋，大多是从亚洲北部、西北部或西部移来的，只有少数是在蒙古国西部形成的。它们进入我国的路径可归纳如下：

（1）从亚洲大陆西北方移来，经西伯利亚、蒙古国，然后进入我国。

（2）从亚洲大陆北方移来，有的开始自北向南或自东北向西南移动，一般到 55°N以南附近就转向东南，然后经西伯利亚西部、蒙古国，进入我国；有的经西伯利亚东部进入我国东北地区。

（3）从亚洲大陆西方移来，在 50°N 以南，多由西向东移动，有的直接侵入我国新疆地区；有的则折向东北移动，经蒙古国进入我国。

（4）起源于蒙古国，常直接南下进入我国。

反气旋移速因地区、季节和系统强度的不同而相差极为悬殊，虽有平均移速，但并无使用价值。

6.8　西太平洋副热带高压

副热带高压是出现于对流层中下层，位于大洋上的暖性高压。西太平洋副热带高压是一个在太平洋上空的半永久性高压环流系统，在我国简称西太平洋副高。西太平洋副高是形成和活动于副热带地区的暖性高压，是控制副热带地区的大型天气系统，是大气环流的重要成员之一。其常年存在，是稳定少动的深厚暖性系统，夏季强大范围广，冬季较弱且范围小。

6.8.1　太平洋副热带高压的结构

太平洋副高在中层最明显（500 hPa），脊线的位置是东西风分界线，靠近 120°E，在卫星云图上表现为黑色无云或者黑色少云区域。图 6-15 中除太平洋副高之外，还有大西洋副高和北非副高。

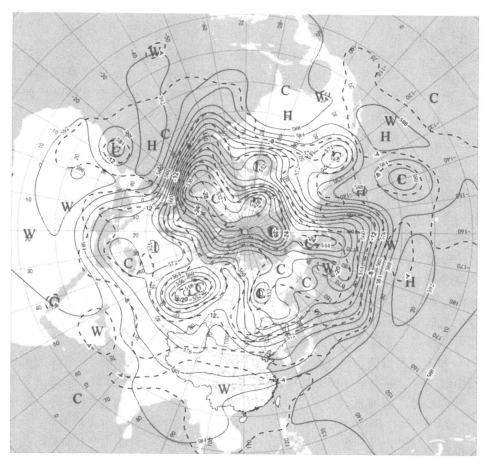

图 6-15　北半球 2018 年 6 月 18 日 500 hPa 等高线
注：C 为冷中心，W 为暖中心，H 为高压中心。资料来源：中央气象台。

6.8.1.1　温度场及湿度场

就温度场而言，暖区、暖中心与高压中心不完全重合，低层有逆温存在。

对于湿度场，脊中比较干燥，南北两侧有湿区，逆温层底部湿度大，上部湿度比较小。在西太平洋高压控制下的地区，有强烈的下沉逆温，使低层水汽难以成云致雨，造

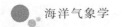

成晴空万里的稳定天气，时间久了也可能出现大范围干旱。

6.8.1.2　副高脊线

副高脊线是副高内东西风分界线，在副高脊线上，东西风速为零，我国常用120°E上副高脊线所在纬度变化来表示副高的南北移动。副高脊线呈现西西南—东东北走向。500 hPa以下各层都较一致，纬度位置随高度有很大变化：冬季，从地面向上，副热带高压脊轴线随高度向南倾斜，到300 hPa以后，转为向北倾斜；夏季，对流层中部以下多向北倾斜，向上则垂直，到较高层后又向南倾斜。

6.8.1.3　风场

太平洋副热带高压脊线附近气压梯度较小，水平风速也较小；其南北两侧的气压梯度较大，水平风速也较大。南北两侧有急流。

6.8.1.4　垂直速度

副高南部，辐散下沉，潮湿。中心附近有下沉逆温存在。

在对流层中上层，高压脊轴南侧存在广大的下沉运动，北侧及脊轴附近有上升运动，再北侧又有下沉运动，这是因为在高压脊轴附近有一反（经圈）环流，而其两侧各有一正（经圈）环流。

6.8.2　西太平洋副热带高压的变动与我国天气的关系

了解西太平洋副高的变动，除了要明白副高脊线的定义外，还需要明晰副高西伸脊点和面积指数的概念。在500 hPa月平均图上，588等位势高度线最西端所在的经度表示副高西伸脊点的位置。面积指数则是取500 hPa月平均图上10°N以北，110°E～180°E范围内588线所包含的范围，用来表示副高的强度。

副热带高压的中短期变动是西伸北进、东撤南退，并且会有一定的形态变化。在副高北侧自海洋上吹来的西南暖湿气流与自北南下的冷空气相遇，产生强降水。在副高控制区域内，盛行下沉气流，静风，天气晴朗，高温炎热。台风一般生成于副高南侧，移动过程中与副高相互影响。

西太平洋副热带高压的强度和位置有明显的季节变化，其移动对我国天气的影响见表6-1。每年6月以前，副高脊线位于20°N以南，高压北缘是沿副高脊线北上的暖湿气流与中纬度南下的冷空气相交绥地区。该地区锋面、气旋活动频繁，形成大范围阴雨天气，受其影响，华南地区进入雨季。到6月中、下旬，副高脊线北跳，并稳定在20°N～25°N之间，雨带随之北移，长江中下游地区进入雨季，即梅雨季。7月上、中旬，副高脊线再次北跳，摆动在25°N～30°N，这时黄河下游地区进入雨季。长江中下游地区梅雨结束，进入盛夏，由于处于高压脊控制，因此出现伏旱。7月末至8月初，副高脊线跨越30°N，到达一年中最北位置，雨带随之北移，华北北部、东北地区进入雨季。8月底或9月初，高压脊开始南退，雨带随之南移。10月以后，高压脊退至20°N以南，大部分地区雨季结束。由上述可知，西太平洋副热带高压的季节性活动特点为：冬季位置最南，夏季最北，并且移动是不匀速的，有稳定少动、缓慢移动和跳跃三种形式。夏季北进时，持续时间较长，移动速度较慢，而秋季南退时，时间短、速度快。西太平洋副热带高压活动的年际变化较大。当其活动出现异常时，常常造成我国较大范围的旱涝灾害。

表 6 - 1　副热带高压移动对我国天气的影响

时 间	副热带高压脊线位置	我国雨带位置	影 响
5 月中旬至 6 月上旬	15°N ～ 20°N	维持在华南地区	珠江流域、东南沿海进入雨季，河流进入汛期
6 月中旬至 7 月上旬	20°N ～ 25°N	江淮地区、韩国、日本	长江中下游进入梅雨季
7 月中旬至 8 月上旬	30°N ～ 35°N	华北北部、东北地区	江淮梅雨季结束，伏旱到来
9 月上旬	第一次回跳 25°N 附近	南撤，北方雨季结束	东北、华北秋高气爽
10 月上旬	回跳到 20°N 以南	继续南移	晴好天气结束

　　副热带高压季节性南、北移动经常出现异常，造成一些地区干旱，另一些地区水涝的反常天气。例如，1954 年副热带高压比较久地稳定在 20°N ～ 25°N 之间，长江流域梅雨持续时间达 2 个月之久，结果造成江淮地区几十年罕见的大水。1956 年西太平洋高压脊第一次北跳偏早，第二次北跳偏晚，这一年梅雨很盛，长江中下游流域雨量过多。而 1958 年副高脊线第一次北跳偏晚，第二次北跳偏早，形成了这一年的空梅，造成了干旱。

　　总结起来，副热带高压主要有以下几种异常情况。

　　（1）南北位置异常：冬季西太平洋副热带高压位置异常偏北，会引起长江以南地区低温、雨雪、冰冻等灾害性天气。

　　（2）跳跃异常：第一次北跳偏早，第二次北跳偏晚会引起洪涝；第一次北跳偏晚，第二次北跳偏早会引起长江地区干旱。

　　（3）东西位置异常：高压中心位置在 160°E，高压脊维持在 20°N ～ 23°N 是涝；高压中心位置在 140°E，高压脊在 17°N 是旱。

　　（4）强弱异常：副高强的年份（副高较常年偏北），副高西伸北进快，会引起南旱北涝；副高弱的年份（副高较常年偏南），副高西伸北进慢，则引起南涝北旱。

　　（5）形状异常：当其呈东西带状，一般对应涝年；当其呈椭圆状，一般对应旱年。

6.8.3　副热带高压变动与周围天气系统的关系

6.8.3.1　与西风带短波槽脊的关系

　　当东移的是发展强大的槽、脊时，它们会造成西太平洋副高的短期变化。当深槽移近西太平洋副高时，它会东撤、南退；当强脊移近它时，它便西伸北进。当然，这种影响的大小与槽脊的强度有关。

6.8.3.2　与大陆高压的关系

　　（1）和青藏高原的关系。夏季，在 500 hPa 图上，西藏高原地区有分裂的暖高压中心出现（简称青藏高压），当其东移入海并入西太平洋副高时，会引起后者明显的西进。

　　（2）和华北暖高压的关系。当华北暖高压并入西太平洋副高时，会使西太平洋副热带高压脊的形状发生较大的变化，脊线可从原来的东西向转为南北向，甚至可在较北地区出现闭合高压中心。

（3）和大陆冷高压的关系。初夏或秋季，大陆冷高压从我国大陆东移入海，刚一入海的阶段有冷平流，可使西太平洋副高脊减弱东撤；而当冷高渐渐变性增暖并入西太平洋副高后，西太平洋高压脊往往加强西伸。

6.8.3.3　和台风的关系

一般台风沿高压外围移动，受其外围气流"操纵"。当西太平洋副高呈东西状，副热带高压脊较弱时，台风可穿过其脊，使其断裂。

2007 年，任素玲等利用 1958—1998 年台风资料，对台风路径进行分类，挑选出 3 类常见路径作为研究对象，通过合成分析，证实不同的台风路径所对应的副热带高压形态不同。当台风西行时，西太平洋副热带高压势力强大，呈东西向带状，台风沿着副高南部西行，副高在整个过程中西伸；转向路径时，副高开始呈东西向带状，随着台风的移动副高主体东退，在 160°E 附近中间断裂；北上路径的台风对应的副高主体偏东。在此基础上，利用气候模式 R42L9 在不同的初始场中加入相同的温度扰动，成功模拟出西行和北上路径的台风，验证了不同副高形态对台风路径的不同影响。由于背景流场不同，不同移动路径的台风其波动能量的传播路径也不同，从而对中高纬度环流和西太平洋副高产生不同的影响：与北上台风不同，西行台风在其西北方向激发出正变高，使西太平洋副高加强西伸。

研究表明，副热带高压强度的加强加快了台风中心的北移速度；冷空气提前下沉入侵台风中心，加快了台风的变性；配合暖气团的强迫抬升激发强烈的对流层中高层锋生，台风变性后再次加强且幅度增大。副热带高压强度的改变直接影响台风中心上空高空形势，而后者与台风强度的变化有较好的相关性。

6.8.3.4　和赤道反气旋、副热带长波流型调整的关系

夏季，当赤道反气旋随着赤道辐合带向北推进，进入我国华南地区时，可与西伸的副热带高压打通合并使副高加强。

盛夏，在北半球副热带范围内流型表现为 6～7 个波，其平均波长为 50～60 个经度。预报我国东部地区副热带高压建立与否，特别要注意 80°E 的长波槽是否建立。当该区有槽产生时，我国东部地区将有一次副热带高压的建立过程。

参考文献：

[1] 王桂华，苏纪兰，齐义泉. 南海中尺度涡研究进展 [J]. 地球科学进展，2005，20（8）：882－886.

[2] 姜学恭，沈建国，刘景涛，等. 地形影响蒙古气旋发展的观测和模拟研究 [J]. 应用气象学报，2004，15（5）：601－611.

[3] 王新敏，江志红，翟盘茂，等. 蒙古气旋的气候特征及变化研究 [J]. 气象与环境科学，2007，30（1）：35－38.

[4] 任素玲，刘屹岷，吴国雄. 西太平洋副热带高压和台风相互作用的数值试验研究 [J]. 气象学报，2007，65（3）：329－340.

[5] 季亮，费建芳，黄小刚. 副热带高压对登陆台风影响的数值模拟研究 [J]. 气象学报，2010，

68（1）：39 –47.

［6］董昌明. 海洋涡旋探测与分析［M］. 北京：科学出版社，2015.

［7］朱乾根，林锦瑞，寿绍文，等. 天气学原理和方法［M］. 北京：气象出版社，2000.

［8］QIU C H, MAO H B, WANG Y H, et al. An irregularly shaped warm eddy observed by Chinese underwater gliders［J］. Journal of Oceanography, 2019, 75（2）：139 –148.

［9］ZHANG Z G, WANG W, QIU B. Oceanic mass transport by mesoscale eddies［J］. Science, 2014, 345（6194）：322 –324.

第7章　大气环流

　　围绕地球的大气在全球范围展开的环流运动统称为大气环流。这种大范围的大气运动的基本状态，是各种不同尺度天气系统发生、发展和移动的背景条件。它的水平尺度在数千千米以上，垂直尺度在十千米以上，时间尺度则为一至几天、一个月、一个季度、半年、一年直至多年。大气运动的根本能源是太阳辐射能。

　　地球自转和公转使太阳辐射能在地球表面非均匀分布，使地球表面产生温度差异，这是大气环流的原动力。

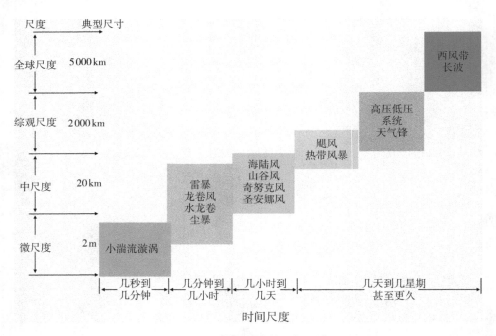

图 7 - 1　不同尺度的天气系统

　　注：天气系统的实际大小可能有所不同，因此一些天气系统属于多个类别。改自 http://www.meteo.psu.edu/~j2n/ed4image.htm。

　　图 7 - 1 是不同尺度的天气系统，可以按照其时间尺度以及典型尺寸将其划分为：时间尺度为几秒到几分钟、微尺度的小湍流漩涡；时间尺度为几分钟到几小时、中微尺度的雷暴、龙卷风、水龙卷、尘暴；时间尺度为几小时到几天、中尺度的海陆风、山谷风、奇努克风和圣塔安娜风；时间尺度为几天到几星期甚至更久的、气旋尺度的飓风、热带风暴；时间尺度更长，典型尺度虽仍为气旋尺度但比前者大的锋、高压低压系统；

时间尺度最长，并且达到了 500 km 的全球尺度的西风带长波。

7.1　中小尺度大气环流

7.1.1　海陆风

　　海陆风是热环流的一种。海、陆比热差异比较大，白天陆地温度升高快，地面方向为自海向陆，夜晚反之。陆海交接处温、压梯度均最大，风速最强，向两侧递减。

　　白天热环流规模大于夜间（海风＞陆风）。海边的风速通常在下午达到最大。最大陆风风速往往可在海上（船上）观测到。

　　在海陆风系统中，潮湿的上升气流白天时位于陆上，夜间移至海上。在海风的前缘可形成锋面，水汽的输送和海、陆温差往往会造成降雨、霾和雾等天气现象。

7.1.2　季风

　　称冬、夏风向完全相反的风为季风。季风可以当作大规模的海陆风系统，冬季冷高压位于大陆内部（西伯利亚），热低压位于海上，风向为由大陆向海，犹如夜间吹陆风；夏天则正好相反，犹如白天吹海风。但季风的风向还受科氏力影响，冬季大陆冷高压为反气旋。

　　季节变化最明显的区域为季风区，冬季和夏季的大气环流走向几乎完全相反。主要季风区的分布，以亚洲最具代表性。冬季，盛行东北风，降水偏少；夏季，盛行西南风，降水增多。此外，季风区的降雨还受到太平洋厄尔尼诺现象的影响。

7.1.3　山谷风

　　山谷风是发生在山岭斜坡上，以一天为周期的热环流。日间斜坡的温度较同高度的空气高，风从谷底沿坡吹上山顶，称为谷风；夜间则斜坡较同高度空气冷却快，风向相反，形成山风。夜间下降的山风直接驱动力为空气的重力，因此也可称为重力风。谷风达到最强时为午后，在山顶常出现积云、下阵雨甚至雷阵雨等现象。

7.1.4　下坡风

　　下坡风也是一种重力风，与山风类似。但山风仅为一日内因夜间冷却形成，而下坡风为冬季高原上一团冷空气，由于辐射冷却变重，沿坡下泻，注入谷内、平原或海岸所形成的强烈的风。最强烈的下坡风发生于海拔很高、有白雪覆盖的高原，如阿拉斯加、亚得里亚海和南极大陆等海岸地区。在这些地方气流如瀑宣泄而下，加上海湾、峡谷等地形效应，往往形成极强的风。

7.1.5　焚风

　　焚风也是一种下坡风，但非稠密空气下泻而成，主要是因湿暖的盛行风对着山吹，

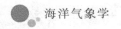

使迎风面产生大片云，甚至降雨。当湿空气被盛行风推升时，空气冷却释放热量，到达山顶时水分大多已释放出，因而形成干燥、高温的风。

此风到处可见，中国台湾叫作落山风，美国洛杉矶叫作奇努克风，欧洲阿尔卑斯山脉叫作焚风。

7.1.6 圣塔安娜风

圣塔安娜风是一种极其强劲、干燥和炎热的离岸风。当美国加利福尼亚州东部内华达山脉和落基山脉之间的大盆地（Great Basin）有气团聚积时，若高空风条件适宜，大盆地的气团便向外流出，沿加州南部沿海地区前行形成圣塔安娜风，一般为东北风。

圣塔安娜风通常在秋季至初春季节生成。在此期间，海拔较高的大盆地沙漠和莫哈维沙漠（Mojave Desert）上空的空气比较寒冷。冷空气在到达大盆地之前，因地形抬升和来自较高层大气，空气本身已经比较干燥。当空气越过高大的山岭沉降到山麓时，由于气压增大，产生绝热加温，气温常会有大幅度的升高。一般空气每下降 100 m，气温就会升高 1 ℃，从而使空气变得更加干燥。到达太平洋沿岸后，空气相对湿度可降至不到 10%。圣塔安娜风通常在深秋至冬季影响美国加州南部以及墨西哥最北端的州——下加利福尼亚州。南加州一年当中最热的时候通常出现在秋季圣塔安娜风盛行期间，沿海的气温高于内陆沙漠。

7.1.7 沙漠风

沙尘暴指强风将地面大量的沙和土粒卷扬起来，使空气变得浑浊、能见度大幅降低的灾害性天气现象，其形成需要三个要素同时配合：沙漠、强风和不稳定气流。北非、中亚、北美和澳大利亚等广大沙漠地区均会发生。

沙尘暴与龙卷风不同。沙尘暴发生于地表，通常是在晴朗天气下产生，存在时间短。龙卷风通常由雷雨底层向下发生，规模与破坏力均大于沙尘暴。

7.1.8 涡旋、湍流

涡旋是风遇到障碍物时，在风向下处产生的涡动，其规模和形式常与障碍物的规模及风速的大小有关。当气流通过高山且风速大于 74 km/h 时，通常会在山背与波峰处产生涡动。

高空中与地表没有障碍物时也可能发生湍流。高空湍流可能突然地、没有预警地发生，特别是当风速或风向突然改变时，称这种改变为风剪切（wind shear），会在混合带形成作用力。若晴天出现该现象，则称之为晴空湍流（clear air turbulence，CAT）。一般认为高空湍流与高空中强的风切变有关，当风速达到一定强度时，便会产生风向角度改变的现象。

7.2　经圈环流

若假设地表由水体均匀覆盖、太阳终年直晒赤道、地球不自转，那么地球是单圈环流的。但在考虑了地球自转的条件下，单圈环流模式将不会存在。地球会出现三圈环流模式，大气环流将变得更复杂。其主要原因是存在相对于地球运动时会产生地转偏向力，北半球指向右，南半球指向左。其与单圈环流的相同点是假定了地表是均匀的，即不考虑地形对大气环流的影响。

7.2.1　热带环流

热带环流又称哈德莱环流（Hadley cell），形成于赤道到纬度30°～35°之间，是一个直接热力环流。以北半球为例，当空气由赤道上空向极地流动时，由于受到地转偏向力的作用，气流会逐渐向右偏。偏向力随纬度增高而加大，在纬度30°～35°处，气流与纬圈接近平行，空气在这里堆积下沉，导致地面气压升高，形成副热带高压带。地面气流分为两支，一支流向赤道，一支流向极地。流向赤道的一支形成闭合环流圈，称为热带环流。

低层流向赤道的气流在地转偏向力的作用下，在北半球成为东北风，在南半球成为东南风，分别称为东北信风和东南信风，如图7-2所示。这两支信风到了赤道附近辐合上升，在高空，北半球吹西南风，南半球吹西北风，称为反信风。由信风、反信风构成的热带环流又被称为信风（低空）、反信风（高空）环流。

7.2.2　极地环流

极地环流形成于极地到纬度60°～65°之间，是一个直接热力环流。在北半球，66.5°N以北为北极地区（以北冰洋为主），南半球则是66.5°S以南为南极地区（以大陆为主）。极地的地面温度冬季在-30 ℃以下，夏季在0 ℃左右。在近地层，2 km以下为强逆温，因为冰雪面的强烈辐射，极地对流层顶是全球最低的，平均位于300 hPa。

因为大气在极地上空平均是净支出热量，所以极地是大气的冷源。极地空气极端寒冷，气柱收缩下沉，冷空气在极地低层堆积形成极地高压。下层空气由极地高压流向赤道方向，在地转偏向力的作用下，北半球吹东北风，南半球吹东南风。在极地高压与副热带高压之间，即60°～65°附近相对地形成一低压，称之为副极地低压带。

中、低纬度的热量通过平均经圈环流和大型涡旋不断向极地输送，大气在极地冷源上丧失热量而形成冷空气，然后向南侵袭，影响中、低纬度的环流和天气，因此，研究极地环流很有意义。

北半球极地环流具有季节变化。如图7-3所示，12月，极地涡旋断裂为两个闭合中心，一个在格陵兰西侧与加拿大之间，另外一个在亚洲的东北部。极地是一个槽区（低压区）。7月，气压系统明显减弱，低压中心在极点附近，低压中心的轴线几乎垂

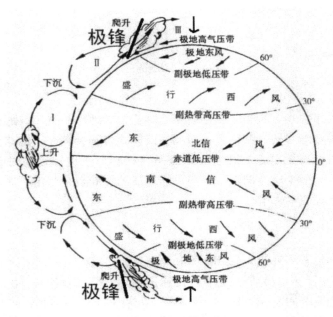

图 7-2　信风带示意图

直。在整个地球面上，极地地区多年平均气压是高压。

极地边缘锋面气旋很活跃。北极的气旋活动，冬季主要发生在极地边缘，在大西洋和太平洋的北部边缘获得最大发展，因为这里北冰洋的北极气团与中纬度较暖的海洋气团之间存在巨大的温度差异，因此气旋活动也就频繁起来。但是，就整个北半球而言，气旋活动最频繁的地带冬季平均在 47°N，夏季在 62°N 附近，由冬季到夏季移动了 15 个纬度。

7.2.3　中纬度环流

中纬度环流形成于纬度 30°～60° 之间。在低层，由极地流向低纬的空气与副热带下沉流向极地的空气在副极地地区相遇而辐合上升，在高空，一部分流向副热带上空与热带来的高空气流合并，一起下沉完成中纬度的间接环流。中纬度环流是由热带环流和极地环流强迫出来的间接环流。

主要环流和降水带之间有很大的联系。上升气流带有较充沛的降水，下沉气流带则较少，降水较多的地带主要分布在热带辐合区（ITCZ）、中纬度（40°～55°）及极地锋面（polar front）；降水较少地带为纬度 30° 附近的副热带与极区高压带。一年中，主环流带会有 10～15 个纬度的移动，进而影响各地气候。

夏季高压盘踞海洋，但对大陆东西两岸影响不同。例如，美国西岸受太平洋高压区下沉气流影响，干燥空气自北方带入，东岸则由百慕大高压将热带海洋湿空气自南风带入，故美国东西岸夏季雨量分布悬殊。地处西北太平洋的中国台湾也有类似美国东岸的情形。

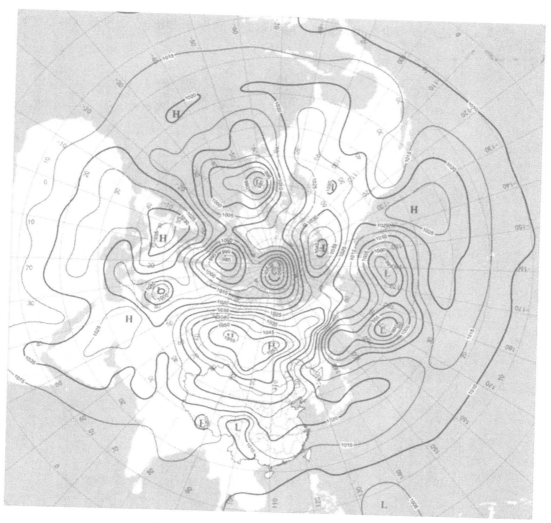

图7-3 北半球12月24日500 hpa天气图

7.3 大气平均流场特征与季节转换

7.3.1 平均水平环流

7.3.1.1 大气活动中心（海平面气压场）

分析多年平均海平面气压图可知，全球经常有7～8个巨大的高、低压区，一般称之为大气活动中心。

大气活动中心的形成与下垫面有很大关系。北半球海陆交错，大气冷热源有季节变化，大气活动中心随季节也有很大变化。南半球的海陆分布较均匀，大气活动中心则较为稳定。

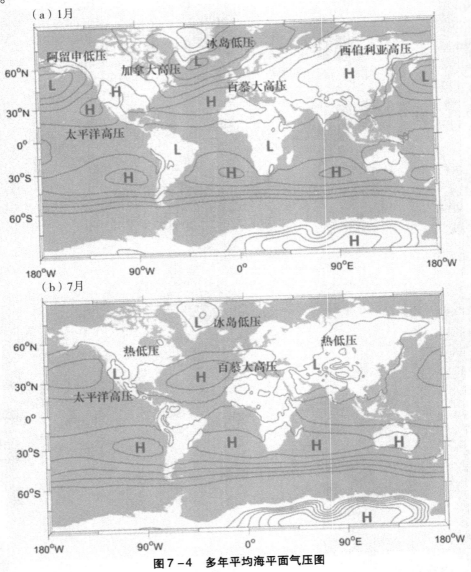

图 7-4　多年平均海平面气压图

如图 7-4 所示，在 1 月，北半球有西伯利亚高压、阿留申低压、冰岛低压和北美高压 4 个大气活动中心。南半球有赤道低压，其位于印度尼西亚到澳大利亚的西太平洋。另外，东南太平洋，南印度洋及南大西洋各有 1 个高压，其中东南太平洋高压较强，印度洋高压最弱。在 7 月，北半球大气活动中心只有以下 3 个：印度低压、太平洋副热带高压和大西洋副热带高压。此时南半球正是隆冬，大洋上 3 个高压强度增强，澳大利亚大陆区也为高压区，所以有 4 个高压中心。

7.3.1.2　对流层平均水平环流（500 hPa 气压场）

在对流层中部，中高纬地区，冬季有三槽：亚洲东岸、北美东部和欧洲东部；三脊：阿拉斯加、西欧沿岸和青藏高原北部。夏季有四槽：北美东岸、西欧、亚洲中部和西太平洋。夏季槽强度大大减弱，脊不清楚。

在对流层中部，低纬度地区，副高夏季加强北移，位于太平洋、大西洋和北非大陆。

7.3.1.3　平流层平均水平环流

平流层指 100 ～ 1 hPa 层的大气，100 ～ 10 hPa 为平流层低层，10 ～ 1 hPa 为平流层高层。在北半球 100 hPa 高度上，1 月极涡强大，中高纬 3 个大槽还很清楚。7 月极涡减弱，范围收缩，而副热带高压非常明显，亚非大陆为强大的高压所控制。在 7 月，平流层高层极区中心为一个近似同心圆的暖性高压所控制，整个半球盛行东风环流，这时水平温度梯度已反转过来，变为极地暖而赤道冷。

7.3.2　急流

急流是围绕地球的强而窄的强风带。高空急流是指一股强而窄的气流带，急流中心最大风速在对流层的上部必须不小于 30 m/s，其风速水平切变量级为每百千米5 m/s，垂直切变量级为每千米 5 ～ 10 m/s。急流水平长度达上万千米，环绕地球，宽度约几百千米，厚度约几千米。在一定纬度上，急流中心最大风速值越强，水平宽度越宽，长度越长。同一风速值的急流带，低纬比高纬长些。

急流中心长轴就是急流轴，急流轴线上可能有多个风速极大值中心，急流轴在三维空间中呈准水平，多数轴线呈东西走向。急流的宽度是指急流中心两侧风速等于最大风速一半的两点间的距离。对流层上部的急流是弯弯曲曲环绕着地球的，某些地区强些，另一些地区弱些，甚至在某些地区中断（风速小于 30 m/s），有时出现分支，有时两支急流汇合起来。

称 600 hPa 以下出现的强而窄的气流为低空急流。其中心最大风速、水平切变和垂直切变均达不到高空急流的标准，尺度也比对流层上层的急流的尺度小得多，但它与暴雨、飑线、龙卷和雷暴等剧烈天气有密切关系，所以称之为低空急流。

全球几个主要的急流带与经圈环流的分布紧密相关。高空西风的主流轴，集中在很窄的带状区域内，分别为两股：一股在热带高压北缘，称为副热带急流；另一股在极区低压区的南缘，称为极锋急流。极锋急流强度在冬季达到最强，分布位置往南延伸。当极锋急流势力增强往南延伸时，有时会与副热带急流产生牵引，形成超强气流，也导致高空经向风的产生。经向风是污染物高空长程输送的重要力量。

7.4　东亚环流基本特征

从地形特征上来说，东亚地区位于全球最大陆地的东岸，濒临太平洋，西部有地形十分复杂的青藏高原。从热力特征上来看，海陆之间的热力差异和高原的热力、动力作用，使东亚地区成为一个全球著名的季风区，具有干冷的冬季和湿热的夏季，天气气候差异比同纬度其他地区悬殊得多，相应的环流特征和天气过程也都具有明显的季节变化。

7.4.1　东亚季风

在对流层底部，由海陆差异造成的东亚四个大气活动中心（蒙古冷高压、阿留申低压、印度热低压和太平洋副热带高压）几乎都是全球最强的气压系统，季节变化明显，风系转换也显著。东亚地区冬季盛行偏北风、偏西风，夏季盛行偏南风、偏东风。冬季天气干冷，夏季天气湿热，雨量大部分集中在夏季。

在对流层中部，由于海陆差异和高原的热力、动力的共同作用，东亚西风带平均环流的脊、槽在冬、夏季也完全是相反位相。冬季，东亚上空 500 hPa 等压面图上是一脊一槽（脊在高原北部，槽在亚洲沿岸），高空基本气流为西北风；夏季则变成一槽一脊，即冬季的槽在夏季变为脊，冬季的脊在夏季变为槽，高空基本气流在 30°N 以北为西风，30°N 以南为偏东风。而在北美上空就没有这样的变化。

南海地处东亚季风区，属于典型的东南亚季风气候系统，其稳定强大的季风性大气环流是南海环流的主要驱动力。南海海域的气候呈现冬半年、夏半年特征，其转换季节很短。冬季水平流场的基本特征为东北季风，平均风速为 9 m/s；夏季水平流场为西南季风，平均风速为 6 m/s（如图 7-5 所示）。东北季风时期海面风力最强，夏季风时期较冬季风时期弱，春秋过渡季节的平均风速均比冬夏季时期小。

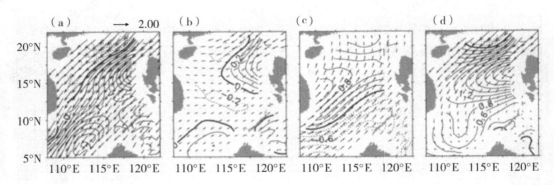

图 7-5　南海季节风应力 $\frac{\tau}{\rho_0}$（矢量，单位：$10^{-5}\ \mathrm{m^2 \cdot s^{-2}}$）和风应力旋度 $\mathrm{curl}\left(\frac{\tau}{\rho_0}\right)$（等值线，间距 $0.2 \times 10^{-10}\ \mathrm{m \cdot s^{-2}}$）分布特征

注：（a）为冬季（12—2 月），（b）为春季（3—5 月），（c）为夏季（6—8 月），（d）为秋季（9—11 月），虚线代表负值。引自 Yang 等，2002 年。

在东南亚季风气候系统的控制下，南海上层海洋环流主要以季风性驱动为主。冬季，东北季风统治南海，南海环流总体表现为一个大的气旋式环流。夏季，盛行西南季风，总环流大致表现为北部气旋式而南部反气旋式的偶极子式环流特征。其风场驱动和地形特征决定了南海上层海洋环流主要为季风驱动的季节环流特征，并且南海北部环流主要受到吕宋海峡黑潮的入侵影响。吕宋海峡水交换会将太平洋的 ENSO 信号传递到南海，对南海的环流和热量收支起着重要的作用。大洋一方面通过水体交换（热盐交换）改变南海的密度场，从而影响南海环流；另一方面则通过动量的交换（黑潮入侵、黑潮分离流环等）直接作用于南海环流。

7.4.2　高原季风

高原季风具有复杂性。高原四周的风系，具有明显季节变化。在近地面层，冬季为冷高压，夏季为热低压，因此，高原在冬季北侧为西风，南侧为东风，夏季则变为相反的风向。在 400 hPa 以上的自由大气中，冬季整个高原均为西风所控制。在对流层上部，高原的南、北两侧各存在一支西风急流。夏季由于高原加热作用，高原南侧的西风急流消失变为东风急流，而高原北侧的西风急流得到加强。夏季高原的加热作用还在青藏高原及其邻近地区产生上升气流，这支上升气流到了高空即向四周辐散并下沉。

高原南侧的垂直环流很明显，印度的西南季风沿喜马拉雅山爬坡上升，在高层辐散，主要部分向南流去下沉，下沉气流最南可到达南半球，随南半球的东南信风向北流动，越过赤道到了北半球，由于偏向力的作用而转为西南气流，再北上构成一个闭合环流，称这个垂直环流为季风环流，其破坏了这个季节里该区域中的哈德莱环流。

高原上这种垂直环流结构对高原及其邻近地区的天气都有重要影响。从高原南、北两侧辐合的气流于 30°N ～ 35°N 之间垂直上升，这正是高原上夏季纬向的辐合切变线的平均纬度，是造成高原上雨季的主要降水系统。在这个辐合切变线中，由于涡度分布不均匀，还可能产生许多大小不同的低涡。低涡的出现，可使降水强度增大，其向东移动，是造成高原东部及邻近地区夏季暴雨天气的重要系统之一。

高原辐散气流向四周下沉，向南的一支下沉气流，因为其下层为比较深厚的西南季风，所以对天气的直接影响不及向北的下沉气流明显。根据拉萨气象台的预报经验，从高原南边移来的天气系统，有时表现为很严重的天气，但往往一到高原南缘就减弱甚至消失，这显然是受到下沉气流的影响。

7.4.3　青藏高原对东亚环流及天气过程影响

冬季对流层下半部的西风带，受到高原阻扰而分为南、北两支，绕过高原，向东流去；在对流层中、上部的气流则爬坡越过高原。这两种作用使高原北部形成一个地形脊，南部形成一个地形槽，它们对东亚的天气过程有很大影响。

（1）冬季。

在冬季，从欧洲东移来的长波槽在高原邻近就开始减速减弱，往往还分为两段，远离高原的北段迅速东移，至贝加尔湖附近才有可能重新加强。槽的南段或是被切断变成冷涡，停滞少动并渐渐就地减弱；或是绕过高原往东移去。但是这并不意味着所有的高空槽都不能越过高原往东移去，当行星锋区位于高原上空时，平直西风中的小槽还是能越过高原的。

据拉萨统计，冬季每月可以有 5 ～ 10 次高空槽移过拉萨。槽在爬山时减弱，一般变成衰老系统，气压场的变化表现得并不明显，但温度场上的变化却比较明显，这样的高空槽也能引起恶劣天气。

85

高原对其四周的自由大气来说是个冷源，从而加强了南侧向北的温度梯度，使南支急流强而稳定。

孟加拉湾的地形槽，槽前的暖平流对于高原东部的天气过程影响很大，是我国冬半年的主要水汽输送通道。强的暖湿空气向我国东部地区输送，是造成该地区持久阴雨的重要条件，也使昆明静止锋和华南静止锋能在较长时间内维持下去，而且还是我国东部的江淮气旋和东海气旋生成的重要条件之一。

从孟加拉湾低槽的涡源中东移的南支急流中的小波动，我国预报员称之为南支槽和印缅槽，它们也是造成我国华南冬季阴雨天气的主要系统。

（2）夏季。

在夏季，北半球的东西带都向北移动。因为热力作用和经过高原的气流有季节变化，所以高原对环流的影响也显出季节性的差异。此时由于加热，高原对周围的自由大气来说是个热源，它使高原上空大气的水平温度梯度在高原北侧增大，在高原南侧变为相反方向（即指向南）。根据热成风原理，高原北侧的西风增大，高原南侧西风消失而被东风所取代。

此外，高原对大气的摩擦作用使高原北侧的反气旋性涡度相应地明显起来，表现为在 700 hPa 天气图上常常有一个孤立的闭合小高压在祁连山东南侧的兰州附近生成并东移，小高压东部的偏北风和高压南部的偏东风与这个季节西伸的太平洋高压脊西部的西南风之间形成一条切变线，这是引起我国夏半年黄河流域降水的主要系统之一。切变线随着两侧气流势力的对比变化而南北摆动，伴随的雨区也相应地做南北移动。

7.5 我国四季大气环流概况

（1）冬季。

10 月中旬以后，东亚高空西风急流分为南北两支（青藏高原热力作用）。急流强度逐渐加强达全年最强程度。整个中国大陆都在西风环流控制之下，西风带的平均大槽位于 140°E 附近，强度明显加强。青藏高原北部 90°E 附近为平均脊所在。我国上空基本气流是西北风。

地面上，蒙古冷性高压强度达全年最高值，中心平均位于 100°E ～ 105°E、45°N ～ 55°N 附近，范围可达整个东亚地区，相当稳定。这个季节里冷性高压的气流越向南，偏东分量越大。只有在高空有较大的低槽移来而地面气旋发展时，蒙古冷性高压才能在短时间内受到破坏，但是这种高空槽和地面气旋往往又是诱导一次新的入侵东亚地区的强冷高压的气压系统，会造成一次强冷空气或寒潮天气过程。当这种过程结束后，冬季风又会相对稳定一段时间，整个冬季基本上就是这样一次次冷空气活动一再重复的过程。

同时，南支急流中的孟加拉湾低槽的槽前西南气流不断向我国输送水汽，与蒙古冷性高压向南输送的冷空气相遇而形成华南、昆明准静止锋，对我国南方天气影响很大。

华南准静止锋上有时还会有气旋活动。

另外，诱导强冷空气向南爆发的高空槽，随西风带基本气流向东移动并加深，最后变成大槽取代衰老的东亚大槽，于是东亚大槽经历了一次"新陈代谢"。

当强冷空气活动结束时，地面的气旋在高空槽前向东北移动并加深，最后汇入亚洲东北部的阿留申低压，补充了它因为摩擦而消耗的能量与涡度，从而使它再生。因此，在整个冬季，这个大低压基本上维持稳定不变，故又称之为半永久性的大气活动中心。阿留申低压与蒙古冷性高压是亚洲冬季天气形势的基本成员。

（2）春季。

南支西风急流于 3—6 月先后发生 2 次显著减弱，位置也向北移动约 5 个纬距。北支西风急流的强度和位置均少变化。西风带槽脊的平均位置没有大的变化，但强度减弱。5 月，东亚大槽明显变得宽平，我国上空基本气流就由冬季西北风变成偏西风了。每天天气图上多小槽、小脊的活动，而且槽、脊的移动都很明显。低纬度热带系统开始活跃。

地面上因为大陆增暖较快，蒙古冷性高压减弱并西移到 75°E 附近，阿留申低压也东移到 160°W。我国东北地区开始出现一个低压，鄂霍次克海为一个高压。南亚的印度低压于 3 月开始渐渐扩展到孟加拉湾和缅甸，形成一个低压带，华南地区开始出现偏南风。4 月中旬以后，偏南的夏季风就盛行起来，雨季也逐渐开始。太平洋副热带高压向西伸展。

因为冬季的两个大气活动中心向相反方向移动并减弱，所以南方出现了印度低压和西太平洋副热带高压。但是此时它们的实力较弱，高空的基本气流是较平直的西风，多小波活动，南、北两支急流仍然存在并对应着两个锋区，因此这个季节是我国气旋活动最频繁的季节。

出现在北方的气旋有蒙古气旋、东北低压气旋和黄河气旋。出现在南方锋区中的有江淮气旋和东海气旋，与气旋相伴出现的还有移动性的小型反气旋，这就构成了春天天气多变的特点。

（3）夏季。

到了夏季，南支急流消失，与北支急流合并成一支急流，位于 40°N 附近。西风带的平均槽、脊位相与冬季相反。东亚沿海出现高压脊，取代原来的东亚大槽；在 80°E ～ 90°E 出现槽，取代原来的平均脊。脊、槽强度都比冬季弱。西太平洋副热带高压脊线由 15°N 向北移到 25°N 并继续向北移。在 22°N 以南出现了东风气流，并随着副热带高压脊线逐渐向北移，在青藏高原南侧出现了全球最强的东风急流，中心位于 100 ～ 150 hPa 等压面上。在东风急流的下方为印度西南季风气流。

印度的热低压大大加深。比海洋暖得多的亚洲大陆几乎为热低压所控制，蒙古冷性高压和阿留申低压被完全破坏。副热带高压在我国东部实力增强，我国西部则受性质不同的大陆副热带高压影响。

冷空气势力大大减弱，范围缩小，路径偏西，常常沿高压东侧南下到四川省、陕西省一带再往东移。冷空气南下，在高空槽上表现为冷性低槽或冷涡，而在地面图上表现为冷性闭合小高压或高压脊。锋面的斜压性也大不如冬春两季，但它是我国大部分地区

雨季中必不可少的角色，雨带就发生在西太平洋副热带高压脊西北部西南气流与冷空气交绥的地方。

在由初夏经盛夏向秋季过渡的时期中，雨带随副热带高压脊线逐渐北移，6—7月雨带停留在长江中下游，即梅雨。7月中旬梅雨结束，雨带北移到华北，长江流域相对干旱。但此时华南地区受热带天气系统影响，雨量又增多，进入另一雨量高峰期。

东风带系统随副热带高压脊线北移，可一直影响到35°N，台风影响范围就更广了。

冬季，我国天气过程是以西风带气流控制为特色，比较单一稳定。而夏季则同时受东、西风带控制，影响的系统除了西风带槽脊、气旋、反气旋和锋面等以外，还有副热带高压和东风带的热带辐合带、东风波和台风等天气系统。季风风系也比冬季复杂得多，北部是偏北风，南部有东南季风和西南季风。

（4）秋季。

9月，东亚沿岸，在130°E附近，平均槽开始建立，副热带高压势力减弱，并自盛夏最北的位置南撤，脊线退到25°N～30°N，海上高压中心则向东南方移动。高空强东风开始南移，南支的西风带逐渐恢复。地面上北方冷空气势力增强，各地区冷空气活动增多。热带天气系统，除台风外基本上很少能影响我国大陆。除华西地区和华南地区以外，各地区雨季基本结束。

由于副热带高压仍维持在我国上空，但地面为冷高所控制，因此构成了秋高气爽的天气特色。若副热带高压增强且稳定地控制某一地区，则会使该地区很热，形成"秋老虎"天气。但在华西地区，秋季开始就阴雨连绵，直到冬季来临雨季才结束，这与其他地区有所不同。

7.6 大气环流对应的海洋环流

大尺度的大气环流对应的海洋环流有大尺度洋流、中尺度洋流和ENSO。

中尺度洋流主要有上升流。在赤道就有一股强的上升流，由于该上升流的存在，赤道潜流沿纬向发生弯曲，位于上升流西侧的潜流流轴降至300 m水层深处，而东侧则上升至100 m左右的水层深处。赤道中东太平洋上升流区域主要集中在日界线以东、以赤道为中心的±2个纬度带内，并且赤道南北约4°处各有一下沉流区域。

赤道太平洋海面水温的变化与全球大气环流尤其是热带大气环流紧密相关，其中最直接的联系就是日界线以东的东南太平洋与日界线以西的西太平洋—印度洋之间海平面气压的反相关关系，即南方涛动现象。

在拉尼娜期间，东南太平洋气压明显升高，（印度洋）印度尼西亚和澳大利亚的气压减弱。厄尔尼诺期间的情况正好相反，东南太平洋气压明显降低，（印度洋）印度尼西亚和澳大利亚的气压升高。鉴于厄尔尼诺与南方涛动之间的密切关系，气象上把两者合称为ENSO。这种全球尺度的气候振荡被称为ENSO循环。厄尔尼诺和拉尼娜则是ENSO循环过程中冷暖两种不同位相的异常状态，因此厄尔尼诺也称ENSO暖事件，拉尼娜也称 ENSO 冷事件。

　　遥相关是圣婴现象最错综复杂的一环，由瑞典气象学家 Anders Angstorm 首度提出。遥相关可简单定义为相距遥远两地异常气候的相关性。由于这些异常气候相距遥远，加上时间差异，常常使人们很难相信它们之间相互影响。

　　除上述提到的海洋环流外，大气环流对应的海洋环流还有北大西洋振荡、北极振荡和太平洋年代际振荡等。

参考文献：

［1］中国天气网. 大火缘何频频袭加州, 解密 "圣塔安娜风" ［Z/OL］. （2008 - 11 - 18）［2008 - 11 - 18］. http://www. weather. com. cn/index/gjtq/11/9032. shtml.

［2］章凡, 王文质, 黄企洲. 中太平洋西部赤道流系的诊断计算 ［J］. 热带海洋, 1996, 15 （1）：44 - 51.

［3］苏京志, 张人禾. 赤道太平洋近表层上升流的估计 ［J］. 热带海洋学报, 2008, 27 （4）：32 - 37.

［4］李荫堂. 地球环境概论 ［M］. 北京：气象出版社, 2003.

第 8 章　热带海气相互作用

海洋是大气的下垫面，大气是海洋的上边界，因此大气和海洋之间存在热量、动量、物质等交换，进而两者的运动也会相互影响。由第 7 章可知，大气存在不同尺度的运动，在不同的尺度上，大气和海洋之间相互作用形式也不一样。本章主要讲天气尺度的台风及年代际尺度的厄尔尼诺现象。

8.1　厄尔尼诺 – 南方涛动现象

热带大气运动的能量 60% 来自潜热释放，因此其能量主要来自海气相互作用。在气候态平均状态下，热带大气、海洋环流及其海气热通量和风应力构成一个统一、协调的整体。

8.1.1　沃克环流

正常状态下，通过海洋与大气之间的热量交换，空气在中、东太平洋冷水区上空下沉，在低层向西流动，在西太平洋一带暖水区上升到高空，转而向东流动，又在东太平洋下沉，这样就形成了直接的热力环流，称之为沃克环流（Walker circulation）的太平洋部分（如图 8 – 1 所示）。

沃克环流是由东太平洋的高压系统和印度尼西亚上空的低压系统产生的压强梯度力所引起的。热带印度洋、太平洋和大西洋盆地的沃克环流导致在北半球夏季时第一个盆地出现西风，在第二个和第三个盆地出现东风。因此，三个海域的温度结构表现出显著的不对称。在北半球夏季时，赤道太平洋和大西洋东部都存在较冷的海表面温度，而较冷的表面温度仅存在于西印度洋中部。海表面温度的这些变化反映了温跃层深度的变化。

沃克环流随时间的变化和海表面温度的变化同时发生。有部分变化是外部强加的，例如夏季太阳进入北半球引起的季节性变化；其他变化则似乎是海洋 – 大气耦合反馈的结果，例如东风导致东部海表面温度下降，增强了纬向的热量对比，从而增强了整个盆地的东风。这些异常东风引起了更多的赤道上升流，使东部的温跃层升高，并使南风的初始冷却幅度增大。这种耦合的海洋 – 大气反馈最初是由 Bjerknes 提出的。从海洋学的角度来看，赤道冷舌是由东风引起的，如果地球气候相对赤道是对称的，那么横越赤道的风就会消失，冷舌就会弱得多，并且纬向结构与现在所观察到的相比也会有很大的不同。

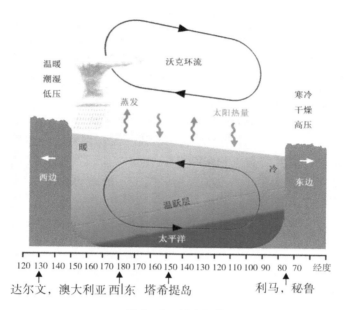

图 8 - 1　沃克环流

注：改自 https://en. wikipedia. org/wiki/El_Ni% C3% B1o% E2% 80% 93Southern_Oscillation。

在非厄尔尼诺时期，沃克环流从表面上看是东风，其将被太阳暖化的水和空气带向西边。这也造成了秘鲁和厄瓜多尔沿岸产生上升流，上升流将富含营养的冷水带到海面，增加了渔业资源。赤道太平洋西部是温暖、潮湿的低压天气，因为该海域收集的水分是以台风和雷暴的形式释放的。由于这一运动，西太平洋的海面高度约为 60 cm。

8.1.2　ENSO 的三个阶段

关于 ENSO 的定义在第 7.6 节已提出。厄尔尼诺是热带东太平洋上层风和海表面温度的不规则周期性变化，它影响了大部分热带和亚热带地区的气候。热带东太平洋海温变暖阶段被称为厄尔尼诺现象（El Niño），变冷阶段被称为拉尼娜现象（La Niña）。

南方涛动（southern oscillation）是厄尔尼诺/拉尼娜现象发生时大气的变化，伴随着海温的变化：厄尔尼诺现象对应热带西太平洋的高气压，拉尼娜现象对应热带西太平洋的低气压。这两个时期各持续数月（通常每隔几年发生一次），其影响强度也有所不同。引起南方涛动的机制仍在研究中，这种气候模式振荡的极端现象在世界许多地区造成了极端天气（如洪水和干旱），依赖农业和渔业的发展中国家，特别是太平洋沿岸的发展中国家受到的影响最大。

厄尔尼诺 - 南方涛动是存在三个阶段周期性波动的单一气候现象，包括中性现象、拉尼娜现象和厄尔尼诺现象。厄尔尼诺现象和拉尼娜现象是相反的阶段，在事件确定之前，需要海洋和大气中发生显著变化。

美国的国家海洋和大气管理局（National Oceanic and Atmospheric Administration）对 Niño 3.4（120°W ～ 170°W，5°S ～ 5°N）区域的海表面温度进行了监测。Niño 3.4 区域

在美国夏威夷东南部约 3 000 km（1 900 mile）处，计算该区域近 3 个月的海温平均值，如果与该时期的正常值相比升高（或降低）超过 0.5 ℃（0.9 °F），则认为厄尔尼诺现象（或拉尼娜现象）正在发展。此外，英国气象局通过使用几个月的时间来确定 ENSO 现象的状态：当异常变暖或冷却只持续 7～9 个月时，将其视为厄尔尼诺/拉尼娜"状态"；而当持续时间超过 9 个月时，则将其视为厄尔尼诺/拉尼娜"事件"。

8.1.2.1 中性阶段

如果气候温度变化在 0.5 ℃ 以内，则此时 ENSO 现象为中性阶段。中性阶段是 EN-SO 暖冷阶段的过渡，如图 8 -2 所示，在这一阶段，海洋温度、热带降水和风型都接近平均情况。中性阶段几乎占所有年份的一半，在这个阶段时期，其他气候异常/模式，如"北大西洋振荡"或"太平洋 - 北美遥相关模式"的影响较大。

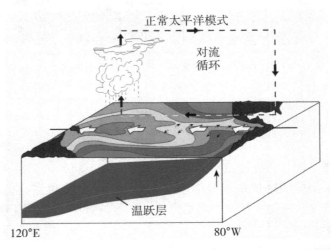

图 8 -2 正常太平洋模式：赤道风向西聚集暖水，冷水沿南美洲海岸上升

注：改自 https://en. wikipedia. org/wiki/El_Ni% C3 % B1o% E2 % 80 % 93Southern_Oscillation。

8.1.2.2 暖阶段——厄尔尼诺现象

当沃克环流减弱或逆转以及哈德莱环流增强时，会发生厄尔尼诺现象，因为此时南美洲西北部近海的冷水上升流较少发生或根本不发生，导致海表面温度高于平均水平（如图 8 -3 所示）。厄尔尼诺现象正是与南美洲太平洋沿岸这一高于平均海水温度、周期性发展的温度带有关。"厄尔尼诺"一词源于西班牙语，原意为"男孩"，这一命名是因为人们发现在南美洲附近的太平洋存在周期性变暖，且通常发生在圣诞节前后。厄尔尼诺现象是厄尔尼诺 - 南方涛动的一个阶段，是热带东太平洋海表面温度和热带西太平洋大气表面气压变化的响应，即厄尔尼诺现象发生在温暖的海洋阶段，也伴随着西太平洋的高气压。而引起这一振荡的机制仍在研究中。

8.1.2.3 冷阶段——拉尼娜现象

沃克环流的增强会导致拉尼娜现象，因为冷水上升流的增加会导致热带太平洋中部和东部海洋温度下降（如图 8 -4 所示）。拉尼娜是一种海气耦合现象，与厄尔尼诺现象相对应，是更广泛定义上的厄尔尼诺 - 南部涛动气候模式的一部分。"拉尼娜"一词也

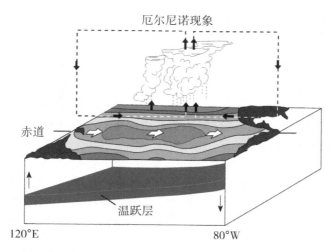

图 8-3　厄尔尼诺现象：暖水靠近南美洲海岸，没有发生冷水上升加剧海温升高

注：改自 https://en.wikipedia.org/wiki/El_Ni%C3%B1o%E2%80%93Southern_Oscillation。

源于西班牙语，意为"女孩"，类似于厄尔尼诺的命名。在拉尼娜现象发生期间，赤道东太平洋的海表面温度会比正常值低 3～5 ℃。在美国，拉尼娜现象出现且至少持续 5 个月才会被视为拉尼娜事件。然而，不同国家会根据各国不同情况设置不同标准来判定拉尼娜事件。例如，日本气象局认为当 Niño 3 区域平均 5 个月的海表面温度偏差超过 0.5 ℃（0.9 °F），且持续 6 个月或更长时间，才视为拉尼娜事件的发生。

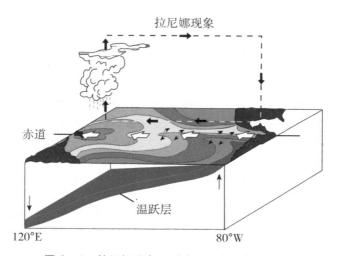

图 8-4　拉尼娜现象：暖水比平常更靠近西侧

注：改自 https://en.wikipedia.org/wiki/El_Ni%C3%B1o%E2%80%93Southern_Oscillation。

　　厄尔尼诺现象或拉尼娜现象开始或离开的过渡阶段可能会通过影响遥相关成为影响全球天气的重要因素。北美洲受到这种短期气候现象影响的例子有美国西北部的降水和邻近美国地区的强烈龙卷风活动等。

8.1.3　南方涛动

南方涛动是厄尔尼诺/拉尼娜对应的大气成分，即热带太平洋东部和西部海域之间的表面气压的振荡。南方涛动的强度用南方涛动指数（southern oscillation index，SOI）来衡量，其中南方涛动指数是根据塔希提岛（太平洋）和澳大利亚达尔文地区（印度洋）之间的表面气压差的波动来计算的。厄尔尼诺事件对应负 SOI，即塔希提岛的气压较低，达尔文地区的气压较高；而拉尼娜事件对应正 SOI，即塔希提岛的气压较高，达尔文地区的气压较低。

低压往往发生在暖水上方，而高压发生在冷水上方，部分原因是暖水上方的深对流。厄尔尼诺事件被定义为热带太平洋中部和东部的持续变暖，从而导致太平洋西信风的强度下降以及澳大利亚东部和北部的降雨减少。拉尼娜事件被定义为热带太平洋中部和东部的持续冷却，从而导致太平洋西信风的强度增加，与厄尔尼诺相比，拉尼娜对澳大利亚的影响正好相反。

虽然南方涛动指数有可追溯到 19 世纪的长时间站点记录，但由于达尔文地区和塔希提岛存在于赤道以南，其数据可靠性受到限制，因此这两个区域的表面气压与 ENSO 的相关性不大。为了解决这一问题，科学家建立了一个新的指数——赤道南方涛动指数（equatorial southern oscillation index，EQSOI）。为了获得指数数据，研究者划分了两个以赤道为中心的新区域以创建新指数，新区域的西部为印度尼西亚上空，东部为赤道太平洋上空，靠近南美洲海岸。然而，EQSOI 的数据只能追溯到 1949 年。

8.1.4　热带大气季节内振荡

1971 年，美国国家大气研究中心的 Roland Madden 和 Paul Julian 发现热带大气季节内振荡现象（Madden-Julian oscillation，MJO），即全球热带地区大气季节内（30～90天）变化的最大成分。MJO 是大气环流与热带深对流的大尺度耦合。不同于 ENSO 的静止模式，MJO 是移动模式，其以 4～8 m/s（14～29 km/h；9～18 mile/h）的速度向东传播并穿过印度洋和太平洋上空温暖的大气层。这种整体流通模式有多种表现形式，最明显的是异常降雨。在增强型对流和降水的湿润阶段之后是雷暴活动被抑制的干燥阶段，每个循环持续 30～60 天。由于这种模式，MJO 也被称为 30～60 天振荡、30～60天波动或季节内振荡（intraseasonal oscillation，ISO）。

MJO 具有较强的年际变化，在长时间的强烈振荡之后是振荡变弱或消失的时期，其年际变化与 ENSO 的周期也有部分联系。在太平洋地区，通常会在厄尔尼诺事件发生前6～12 个月观察到强烈的 MJO 活动，但在某些厄尔尼诺事件的极大值期间几乎没有出现。而在拉尼娜事件发生期间，MJO 活动通常更明显。在西太平洋，连续几个月的强烈热带大气季节内振荡可以加速厄尔尼诺或拉尼娜事件的发展，但其本身通常不会引起暖或冷 ENSO 事件的发生。观测表明，1982—1983 年的厄尔尼诺现象在受到 1982 年 5 月下旬热带大气季节内振荡引起的开尔文波的影响后，在 7 月迅速发展。此外，MJO 结构随季节周期和 ENSO 事件的变化可能会促进 MJO 对 ENSO 事件产生更大的影响。例如，与活跃的 MJO 对流相关的地面西风在厄尔尼诺发展时更强，而与被抑制的对流相关的地面东风在拉尼娜过程中更强。

8.1.5　ENSO 的影响

依赖农业和渔业的发展中国家，特别是太平洋沿岸的发展中国家，受到 ENSO 的影响最大。厄尔尼诺事件对南美洲的影响是直接而强烈的，其与秘鲁北部和厄瓜多尔沿海 4—10 月温暖且非常潮湿的天气有关，每当发生强烈或极端的事件时，都会造成大洪水。拉尼娜事件则会造成东南亚的海表面温度下降以及给马来西亚、菲律宾和印度尼西亚带来暴雨天气。

在阿拉斯加州以北，拉尼娜事件会导致气候比正常情况更干燥，而厄尔尼诺事件与干旱或潮湿的气候没有关联。在厄尔尼诺期间，由于更偏南边、更偏纬向的风暴路径，加利福尼亚州的降水预计会增加。在拉尼娜期间，由于更偏北的风暴路径，增加的降水被转移到太平洋西北部，而风暴路径的向北移动也使中西部各州的冬季比正常情况下更潮湿（降雪量增加），并会带来炎热干燥的夏季。

ENSO 在全球变暖的情况下，可以通过加强遥相关来增加或使区域交替发生气候极端事件。例如，厄尔尼诺事件的频率和强度的增加会调节沃克环流，使印度洋上空的温度比平常更暖，导致印度洋迅速升温，从而削弱了亚洲季风。

另外，厄尔尼诺年通常会抑制大西洋台风季节的气旋活动，有利于太平洋热带气旋活动的转移，拉尼娜年的情况则相反。

8.1.6　ENSO 的多样性

传统的 ENSO（厄尔尼诺－南方涛动），也称为东太平洋 ENSO，涉及东太平洋的温度异常。然而，在 20 世纪 90 年代和 21 世纪初，人们观测到了非传统的 ENSO 情况，其中温度异常的通常位置（Niño 1 和 2 区域）不受影响，但在太平洋中部（Niño 3.4 区域）出现了异常。这种现象被称为中太平洋 ENSO、"日界线" ENSO（因为异常出现在日界线附近），或是 ENSO "Modoki"（Modoki 是日语，意为相似但不同）。除了东太平洋 ENSO 和中太平洋 ENSO 之外，还有其他类型的 ENSO，一些科学家认为 ENSO 作为一个连续体存在，通常也具有混合类型。

中太平洋 ENSO 产生的影响与传统的东太平洋 ENSO 不同。在中太平洋 ENSO 情况下，厄尔尼诺现象会导致更多的台风更频繁地登陆大西洋；拉尼娜现象则会导致澳大利亚西北部和默里达令盆地北部的降雨增加，而不是像传统的拉尼娜现象那样影响东部地区。此外，拉尼娜现象还会增加孟加拉湾上空气旋风暴的发生频率，但减少印度洋上强烈风暴的发生。

最近关于中太平洋 ENSO 的发现也使一些科学家认为其与全球变暖有关。然而，卫星综合资料只能追溯到 1979 年，必须做更多的研究，才能找出其中的相关性并研究过去的厄尔尼诺事件。就现在来说，关于气候变化如何/是否会影响 ENSO，在科学上并没有达成共识。这种"新的" ENSO 的存在在科学界也仍有争论。的确，有一些研究对统计差异以及其日益增多的情况的真实性提出了质疑，有的认为有依据的记录太短而无法发现这种区别，或使用其他统计方法无法发现区别或趋势，有的则认为应该以其他类型区分，例如区分为标准和极端 ENSO。

由于 ENSO 暖冷两相不对称，一些研究在观测和气候模式中都无法确定拉尼娜的区别。但有一些资料显示，拉尼娜的变化与太平洋中部较冷的水域和太平洋东部和西部平均或较温暖的水温有关，也显示了东太平洋洋流会向相反方向发展，与传统的拉尼娜相反。

8.2 台风

热带气旋是一种具有闭合的低压中心、强风和强降雨的螺旋形雷雨天气系统。热带气旋的名称根据它的位置和强度命名，包括飓风、台风、热带风暴、气旋风暴、热带低气压和简单的旋风。飓风是发生在大西洋和东北太平洋的热带气旋，台风是发生在西北太平洋的热带气旋；而在南太平洋或印度洋，相应的风暴则简称为"热带气旋"或"剧烈气旋风暴"。

"气旋"指的是风在一个圆圈内围绕中央清晰的风眼旋转，在北半球为逆时针方向，在南半球为顺时针方向。热带气旋的直径通常为 100～2 000 km，很少在赤道 5°以内形成。

热带气旋对沿海地区造成灾害。强烈的风和雨、巨浪（由风引起的）、风暴潮（由于剧烈的压力变化引起的）以及潜在的龙卷风会影响沿海地区经济及人民生命安全等。热带气旋虽然对人类的影响往往是具有破坏性的，但可以缓解干旱。它们还将热量从热带输送到温带地区，在调节区域和全球气候方面发挥重要作用。

8.2.1 热带气旋的分类、术语和命名

热带气旋根据强度分为三大类：热带低压、热带风暴和第三类更强烈的风暴，其名称取决于生成地区（见表 8-1）。例如，如果西北太平洋的热带风暴在博福特规模上达到飓风强度，则称之为台风；如果相同强度的热带风暴发生在东北太平洋盆地或北大西洋，则称之为飓风。在南半球或印度洋区域，热带风暴被称为热带气旋、强热带气旋或非常强的热带气旋。

热带低气压是一种热带扰动，其表面有明显的环流，最大持续风速小于 63 km/h。在南半球内，在一个或多个象限中，低压可能有强风，但不在中心附近。

热带风暴是一个有序的强雷暴系统，具有明确的地表循环和最大持续风速，为 63～119 km/h。此时，虽然通常不会出现风眼，但独特的气旋形状开始形成。政府气象服务首先为达到这种强度的系统指定名称（因此称之为风暴）。虽然热带风暴的强度不如飓风，但它们会造成严重的破坏。风的剪切力可以吹走砾石，空气中的物体会对电线，屋顶和壁板造成损坏。更严重的是降雨导致陆地洪涝。

台风是一个持续风速至少为 119 km/h 的系统。据估计，最强热带气旋的最大持续风速约为 95 m/s（340 km/h）。

表 8-1 不同区域热带气旋名字

10分钟平均风速/(km·h⁻¹)	东北太平洋与北大西洋	西北太平洋	北印度洋	西南印度洋	澳大利亚与南太平洋
<52	热带低压	热带低压	热带低压	扰动区	热带扰动热带低压
52~54			强低压	热带扰动	
56~61	热带风暴			热带低压	
63~87		热带风暴	气旋风暴	中级热带风暴	1类热带气旋
89~102		强热带风暴	强气旋风暴	强热带风暴	2类热带气旋
104~117	1类飓风				
119~133		台风	非常强气旋风暴	热带气旋	3类热带气旋
135~154	2类飓风				
156~157	3类大飓风				
159~181					4类强热带气旋
183~198	4类大飓风		极端强气旋风暴	剧烈热带气旋	
200~209					5类强热带气旋
211~220			超级气旋风暴	非常剧烈热带气旋	
>220	5类大飓风				

8.2.2 台风的物理结构

台风中心气压最低，热带气旋中心记录的压力是有史以来在海平面上观测到的最低值。热带气旋中心附近任意高度处都比周围环境温暖，因此它们被称为"暖心"系统。

台风近地表风场的特点是空气在环流中心迅速旋转，同时也径向向内流动。风速在台风中心最低，迅速增大至半径处，然后逐渐衰减。然而，由于局地化过程的影响，例如雷暴活动和水平流动不稳定性，风场往往表现出额外的空间和时间变化。在垂直方向，海洋表面附近风力最强，在对流层内随着高度增加而发生衰减。

8.2.2.1 台风的水平结构

在一个成熟的台风中心，空气下沉而非上升。对于足够强的风暴，空气下沉会抑制云的形成，从而产生清晰的"眼"。虽然海面可能狂风暴雨，但台风眼的天气通常平静且没有云层。台风眼的形状通常是圆形的，直径通常为30~65 km，观测到的台风眼小到3 km，大到370 km。

台风眼的云外缘被称为云墙区。云墙是风速最大、空气上升最快、云层最高、降水量最大的地方。云墙区风、降雨等强度随着时间而变化。

外部雨带可以组成雷暴的外环，缓慢向内移动，吸收云墙区的湿度和角动量。

海洋气象学

8.2.2.2 台风强度

台风强度的变化主要由气压的变化来表征。比如，24 小时内热带气旋的最小海平面气压下降 42 hPa，热带气旋可能经历一个迅速加强的过程。台风的加强一般有几个因素：高的海表温度（接近或高于 30℃），并且此温度的水必须足够深，从而波浪不会使较冷的水上涌到海面；小的垂直风切变，这样有助于热量的聚集，从而形成对流。通常情况下，风暴之上的对流层上层也必须存在一个反气旋，有助于将这种气流从气旋中有效地传送出去。

8.2.2.3 台风的范围

台风范围的判断主要利用最大风的半径、最外侧闭合等压线的半径以及风开始衰减的半径、气旋相对涡度场减小到 1×10^{-5} s^{-1} 量级时的半径这几种方法。

其水平范围大致在 $100 \sim 2\,000$ km 之间，通常在西北太平洋最大，在东北太平洋盆地最小。台风范围对造成损害范围有重要影响。在其他条件相同的情况下，较强的台风会在较长的时间内影响较大的区域。此外，更长的风区、更长的持续时间和增强的波浪会使较大的近地表风场产生更高的风暴潮。

8.2.3 台风的热量来源

台风的主要能量来源是海表水蒸发产生的热量，当温暖潮湿的空气上升并冷却至饱和时，会形成云和雨。第一，在海表附近流入的空气主要通过在温暖的海表温度下蒸发（即潜热，在蒸发期间，海洋冷却、空气变暖）获得热量。第二，温暖的空气在云墙内上升并冷却，同时保存总热量（潜热在冷凝期间简单地转换为感热）。第三，空气流出并在冷对流层顶通过红外辐射将热量散发到空间。第四，空气在风暴的外缘消退和变暖，同时保持总热量。这种内部向上、外部向下翻倒的流动被称为次循环。科学家估计，热带气旋以每天 $50 \sim 200$ J 的速度释放热能，相当于约 1 PW（10^{15} W）。这种能量释放速率相当于人类世界能量消耗的 70 倍和全球发电量的 200 倍，或者每 20 分钟爆炸 10 兆吨核弹。

台风通过海洋时导致海洋上层大幅冷却，进而反过来影响气旋的随后发展。当热带气旋经过海面时，在埃克曼平流影响下，海表面上层水体辐散，导致上层海水抽吸，深层的冷水被抽吸至上层，进而引起表层海水冷却。海水表层冷却可以抑制台风的进一步发展。冷雨滴（因为大气层在较高海拔温度较低）等也可能引起表层水冷却。另外，在风暴来临之前和之后，通过遮挡使海表免受阳光直射，云层也可以起到冷却海洋的作用。所有这些影响可以使大面积海面在短短几天内温度显著下降。

8.2.4 台风的分布及形成条件

8.2.4.1 台风的分布

西北太平洋全年都能看到热带气旋，2 月和 3 月最少，9 月初达到高峰。在北印度洋，台风最常见于 4 月至 12 月，5 月和 11 月达到高峰。在南半球，热带气旋年从 7 月开始，全年出现，包括 11 月至次年 4 月底的热带气旋季节，2 月中旬至 3 月初达到高峰，如图 8-6 所示。

萨菲尔–辛普森飓风等级：

| 热带低压 | 热带风暴 | 一级飓风 | 二级飓风 | 三级飓风 | 四级飓风 | 五级飓风 |

图8-6 1985—2005年期间所有热带气旋的轨迹累积

注：国际日期线以西的太平洋比其他任何区域都拥有更多的热带气旋，而在南半球非洲地区和160°W之间几乎没有热带气旋活动。改自 https://en.wikipedia.org/wiki。

8.2.4.2 台风的形成原因

台风的形成是目前广泛研究的主题，但仍未被完全了解。虽然它的形成通常需要以下6个因素，但有时可能并没有满足以下所有条件也能形成台风。

（1）水温条件：在大多数情况下，需要至少26.5 °C的水温和至少50 m的深度。此温度的水会导致上层大气不稳定，足以维持对流和雷暴。

（2）气温随着高度快速冷却，冷凝热可以为热带气旋提供动力。

（3）湿度条件：高湿度，特别是在对流层中低层；当大气中含有大量水分时，更有利于扰动的发展。

（4）小的垂直风切变，这有利于能量保存，因为高剪切会破坏风暴的能量循环。

（5）在南北纬5°以外。台风通常需要超过555 km或距离赤道5°的纬度，科氏力能够将风吹向低压中心并产生旋转。

（6）初始扰动。台风不会自发形成，低纬度和低水平西风爆发可以通过引发热带扰动为热带气旋生成创造有利条件。

8.2.5 台风的移动路径及消失

8.2.5.1 台风移动路径的控制因素

台风的移动路径主要受到背景环境风、"β漂移"、多台风、西风带等影响。

台风的移动与台风本身的流动，以及风暴发生的环境的大规模背景流动相关。我国台风主要受到副热带高压气流的引导。在夏季，西太平洋副热带高压与大西洋高压比较强大。太平洋副热带高压夏季西进，其周边的气流对台风路径具有引导作用，在副热带高压气流南侧，信风引导热带东风，这些海浪是该地区许多热带气旋的前兆。相比之下，在两个半球的印度洋和西太平洋，热带气旋的运动较少受到热带东风波的影响，而更多受热带辐合带和季风槽的季节性运动影响。此外，热带气旋运动可受临时气象系统的影响，例如温带气旋。

除了环境转向之外，热带气旋倾向于向极地和向西缓慢漂移，这种运动被称为"β漂移"。这种运动是由于涡旋叠加到科氏力随纬度变化的环境中（例如在球面或β平面上）而引起的。它是由风暴本身间接诱发的，是风暴的气旋流与其环境之间反馈的结果。

当几个台风同时发生时，这些台风之间会互相影响。当两个台风相互接近时，它们的中心将开始围绕两个系统之间的点旋转。根据它们之间的距离和强度，两个台风可以简单地围绕彼此运行，或者可以螺旋进入中心点并合并。当两个台风的大小不等时，较大的台风将倾向于起支配作用，较小的涡旋将围绕它旋转。在日本气象学家藤原咲平研究发现之后，这种现象就被称为藤原效应。

虽然热带气旋通常在热带地区从东向西移动，但是当它在亚热带山脊轴线以西移动时，或者它与中纬度流动相互作用（例如急流或者温带气旋），它的轨道可能向极地和向东移动。这种被称为"复活"的运动通常发生在主要海洋盆地的西部边缘附近，在这些区域，射流通常具有极向分量，并且温带气旋频发。

8.2.5.2　我国台风的主要移动路径

毗邻南海、太平洋，我国是台风比较多的国家之一。我国台风路径受到副热带高压带周边气流影响，主要移动路径如图8-7所示。

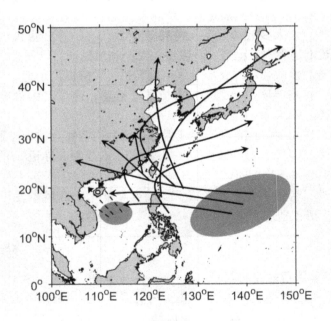

图8-7　台风的典型移动路径

注：实线为西北太平洋产生的，虚线为南海产生的台风。改自朱乾根等，2000年。

（1）西移型路径。当台风从西北太平洋区域形成，进入南海，西行到广东-海南沿海或越南登陆，对我国华南沿海地区、越南影响最大。该路径主要发生在初春至夏秋季节。2018 年台风"百里嘉"属于此类台风。

（2）西北向路径。台风在菲律宾东部海域生成后，会遭遇西北向东南的深厚气流，从而在菲律宾以东洋面向西北向移动，经巴士海峡登陆台湾，再穿过台湾海峡向粤闽沿岸靠近，在粤闽一带沿海登陆。若台风在琉球群岛转折，则在江浙一带沿海登陆，甚至到达山东、辽宁一带。这类台风多见于 7 月的下半月到 9 月的上半月。2018 年强台风"山竹"即属于此类台风，给广东沿岸带来较大影响。

（3）转向型台风。台风从菲律宾以东洋面生成后向西北方向移动，在海上遇到西太平洋副高或西风槽的阻挡，就会转向东北，呈抛物线型，因此也称其为抛物线型路径。这种转向台风又可以分为三类：东转向、中转向、西转向。其中的西转向类，特别是到了近海才向西转的台风，在我国沿海地区登陆后，转向东北移去，路径呈抛物线状，这也是最常见的路径。这类台风多发生于夏、秋季节。2018 年台风"康妮"就是此类台风。

（4）异常路径。当台风所处环境流变化快，或者多个台风相互影响时，会出现停滞、打转等现象，若所受外力作用不平衡，也会出现蛇状运动。异常路径比较复杂，也比较难预测。2018 年台风"云雀"即属于异常路径的台风。

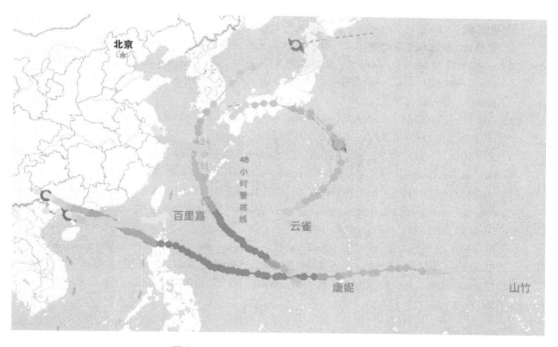

图 8-8　2018 年几个典型台风路径示例

资料来源：中国气象台台风网。

8.2.5.3　台风的消失

当台风失去热量来源时，就开始变弱。多数强台风在登陆后迅速失去力量，并在一两天内变成紊乱的低压区域，或演变成温带气旋。许多台风消失在山区，当台风减弱时，它们会像暴雨一样释放水分，这种降雨可能导致致命的洪水和泥石流。另外，当台风移动到 26.5 ℃ 以下的水域上移动时，能量也会消散掉。如果遇到垂直风切变，也会发生弱化或消散，会阻止台风的发展。此外，台风与西风带的相互作用，通过与附近的锋带汇合，可以使台风演变成温带气旋。

8.2.6 台风的观测

远离陆地的热带气旋主要由气象卫星跟踪，从太空捕获的可见和红外图像，通常以半小时到四分之一小时为间隔。随着台风接近陆地，可以通过陆基多普勒天气雷达观测到。通过每隔几分钟显示风暴的位置和强度，雷达在登陆时起着至关重要的作用。现场观测主要利用侦察飞机飞向台风进行直接和遥感测量，侦察飞机上装载的探测仪可以测量飞行高度和海洋表面之间的温度、湿度、压力，尤其是风。

我国台风的实际观测主要依赖于海岛或海岸附近的海洋气象观测基地。比如，我国西沙区域建的海洋气象基站、茂名博贺海洋气象基地在水深 17 m 处建的海上气象观测平台，还有现在海洋里投放的浮标等，都可以很好地观测台风期间海气界面的大气物理结构。

参考文献：

[1] 陈登俊. 航海气象学与海洋学 [M]. 北京：人民交通出版社，2009.

[2] ANNAMALAI H, SLINGO J M, SPERBER K R, et al. The mean evolution and variability of the Asian summer monsoon: comparison of ECMWF and NCEP-NCAR reanalyses [J]. Monthly Weather Review. 1999, 127 (6): 1157 – 1186.

[3] CAI W, COWAN T. La Niña Modoki impacts Australia autumn rainfall variability [J]. Geophysical Research Letters, 2009, 36 (12): L12805.

[4] KIKUCHI K, WANG B, FUDEYASU H. Genesis of tropical cyclone Nargis revealed by multiple satellite observations [J]. Geophysical Research Letters, 2009, 36 (6): L06811.

[5] MCTAGGART-COWAN R, DAVIES E L, FAIRMAN J G, et al. Revisiting the 26.5°C sea surface temperature threshold for tropical cyclone development [J]. Bulletin of the American Meteorological Society, 2015, 96 (11): 1929 – 1943.

[6] ROUNDY P E, KILADIS G N. Analysis of a reconstructed oceanic Kelvin Wave dynamic height dataset for the Period 1974—2005 [J]. Journal of Climate, 2007, 20 (17), 4341 – 4355.

[7] TRENBERTH K E, FASULLO J T. An apparent hiatus in global warming [J]. Earth's Future, 2013, 1 (1): 19 – 32.

第9章　海洋大气边界层

9.1　大气边界层定义及意义

大气边界层又称行星边界层，指的是大气和地球表面相接触的一层，厚度通常在 $1\sim 2$ km 之间，随着时间、地点不同而有所变化。边界层中大气直接与地面相接触，并受到分子粘性、湍流摩擦、辐射增热、水汽交换、物质扩散等各种作用和地形的强烈影响，它响应地面作用的时间尺度小于或等于 1 小时。边界层大气与地球表面的摩擦力较大，运动特征与其上面的大气层显著不同。边界层以上的大气层通常被称为自由大气。

大气边界层虽然很薄，但它与天气、气候、生态环境以及人类活动密切相关。地球上大部分污染物被阻挡在边界层内，海洋和大气之间的水汽交换也是通过边界层大气运动输送给上层大气。

9.2　大气气温的垂向分布

9.2.1　绝热过程

当一个孤立系统得到 $\mathrm{d}Q$ 热量后，一部分用于增加内能 $\mathrm{d}E$，另一部分用于气体体积膨胀、克服外压做功 $\mathrm{d}W$：

$$\mathrm{d}Q = \mathrm{d}E + \mathrm{d}W \tag{9.1}$$

当气压不变时，气体体积不变，做功为零，这个过程叫等容过程。增加的热量全部用来提高温度增加内能，此时

$$\mathrm{d}Q = \mathrm{d}E = C_V \mathrm{d}T \tag{9.2}$$

其中，C_V 是定容比热容，T 是温度。可以证明：

$$\mathrm{d}Q = C_p \mathrm{d}T - RT(\mathrm{d}p/p) \tag{9.3}$$

或

$$\mathrm{d}T = \frac{\mathrm{d}Q}{C_p} + \frac{RT}{C_p}\frac{\mathrm{d}p}{p} \tag{9.4}$$

103

其中，C_p 是定压比热容，p 是气体压强，R 是空气的气体常数，$R = 0.287\ \mathrm{J}/(\mathrm{g \cdot K})$，式（9.4）是热力学第一定律在气象中的常用形式。当 $\mathrm{d}Q = 0$ 时，称为绝热过程，这时有

$$\mathrm{d}T = \frac{\mathrm{d}Q}{C_p} + \frac{RT}{C_p}\frac{\mathrm{d}p}{p} \tag{9.5}$$

温度的变化可以分解为干绝热过程和湿绝热过程。

（1）干绝热过程。

当干空气和未饱和湿空气做垂直升降运动时，称此过程为干绝热过程。干绝热方程满足：

$$\mathrm{d}T = \frac{RT}{C_p}\frac{\mathrm{d}p}{p} \tag{9.6}$$

对式（9.6）从初态（T_0，P_0）到终态（T，P）积分，可得干绝热方程：

$$\frac{T}{T_0} = \left(\frac{P}{P_0}\right)^{\frac{R}{C_p}} \tag{9.7}$$

由 $C_p = 1.005\ \mathrm{J}/(\mathrm{g \cdot K})$，$R = 0.287\ \mathrm{J}/(\mathrm{g \cdot K})$，可得

$$\frac{T}{T_0} = \left(\frac{P}{P_0}\right)^{0.286} \tag{9.8}$$

在干绝热过程中，温度变化完全取决于气压的变化。干绝热过程中气块温度随高度的变化叫干绝热减温率，用 γ_d 表示。按定义可得：

$$\gamma_d = -\frac{\mathrm{d}T_i}{\mathrm{d}z} \tag{9.9}$$

气象工作中常把 γ_d 看作常数，近似有 $\gamma_d = 1\ ℃/100\ \mathrm{m}$。这说明在干绝热过程中，气块每上升 $100\ \mathrm{m}$，气温约下降 $1\ ℃$。必须注意的是，γ_d 与 γ（气温直减率）的含义是完全不同的。γ_d 是干空气在绝热上升过程中气块本身的降温率，它近似于常数；而 γ 表示周围大气的温度随高度的分布情况。在大气中，随着地 – 气系统之间热量交换的变化，γ 可有不同数值，即可以大于、小于或等于 γ_d。若气块的起始温度为 T_0，则干绝热上升 Δz 高度后，其温度 T 为

$$T = T_0 - \gamma_d \Delta z \tag{9.10}$$

（2）湿绝热过程。

饱和湿空气的垂直运动过程被称为湿绝热过程。在大气中，当未饱和湿空气按干绝热过程上升时，相对湿度逐渐加大，达到饱和后水汽凝结并放出潜热。湿绝热方程的推导过程与干绝热方程相似，只是过程中多加一个潜热项（$\frac{L}{C_p}\mathrm{d}q_s$）：

$$\mathrm{d}T = \frac{RT}{C_p}\frac{\mathrm{d}p}{p} - \frac{L}{C_p}\mathrm{d}q_s \tag{9.11}$$

当饱和湿空气绝热上升时，如果只是膨胀降温，则亦应每上升 $100\ \mathrm{m}$ 减温 $1\ ℃$。但是，水汽既已饱和了，就会因冷却而发生凝结，同时释放凝结潜热，加热气块。因此，当饱和湿空气绝热上升时，因膨胀而引起的减温率恒比干绝热减温率小。称饱和湿空气绝热上升的减温率为湿绝热直减率，以 γ_m 表示，表 9 – 1 为湿绝热直减率与温度的关

系。由湿绝热方程（9.11）可知，当饱和湿空气上升时，温度变化是由两方面作用造成的，一是气压降低膨胀做功，二是潜热释放使气块增加热量。因为这两项作用相反，所以湿绝热过程的减温率比干绝热过程小。

表9-1 湿绝热直减率（单位：1 ℃/100 m）

湿绝热直减率 \ 温度 气压	-30℃	-20℃	-10℃	0℃	10℃	20℃	30℃
1 000hPa	0.93	0.86	0.76	0.63	0.54	0.44	0.38
800hPa	0.92	0.83	0.71	0.58	0.50	0.41	—
700hPa	0.91	0.81	0.69	0.56	0.47	0.38	—
500hPa	0.89	0.76	0.62	0.48	0.41	—	—
300hPa	0.85	0.66	0.51	0.38	—	—	—

为比较不同气块间的热力性质，把不同高度的气块按干绝热过程移动到 1 000 hPa 等压面，称气块在这个高度的温度为位温，用 θ 表示：

$$\theta = T\left(\frac{1000}{P}\right)^{0.286}$$

(9.12)

式中，T、P 分别为干绝热过程起始时刻的温度和气压。位温高的气块是暖气块，位温低的是冷气块。干绝热过程是可逆的，位温是不变的。气块在遵循干绝热过程升降移动时，其位温是恒定不变的。这是位温的重要性质，其只有在干绝热过程中才具有保守性。

在湿绝热过程中，由于有潜热的释放或消耗，因此位温是变化的。当大气中的水汽凝结时，假设一种极端的情况，即水汽一经凝结，其凝结物便脱离原上升的气块并降落，而把潜热留在气块中来加热气团，这种过程称为假绝热过程。当气块中含有的水汽全部凝结降落时，所释放的潜热就使原气块的位温提高到了极值，这个数值称为假相当位温，一般用 θ_{se} 表示。根据定义，有

$$\theta_{se} = \theta + \frac{L_q}{C_p}$$

(9.13)

式中，L_q 是气块在 1 000 hPa 处，1 g 湿空气所含水汽量。由上式可以看出，θ_{se} 是关于气压、温度和湿度的函数。

9.2.2 大气静力稳定度

大气静力稳定度是指气块受任意方向扰动后，返回或远离原平衡位置的趋势和程度。它表示在大气层中的个别空气块是否安于原在的层次，是否易于发生垂直运动，即是否易于发生对流。

大气层结指的是大气中温度、湿度随高度的分布。大气层结稳定度表示大气层对扰动气块产生作用的趋势和程度。在静止大气中，某一气块受到扰动在垂直方向产生一定位移后，将有三种情况可能发生：若气块有返回原来位置的趋势，则为稳定大气；若气

块更加远离平衡位置，则为不稳定大气；若气块在新的位置达到平衡，则为中性大气。

利用阿基米德浮力原理，可用下式来判断大气静力稳定度：

$$a = g \frac{T_i - T}{T} \tag{9.14}$$

式中，T_i 为空气块温度比，T 为周围空气温度，a 为加速度。

当 $T_i > T$ 时，$a > 0$，气块会继续往移动方向移动，为不稳定大气；当 $T_i < T$ 时，$a < 0$，气块为稳定大气；当 $T_i = T$ 时，$a = 0$，气块为中性大气。T_i 与 T 相差越大，加速度就越大，因此暖气块会上升，冷气块会下降。

9.2.3　对流层中气温的垂直分布

对流层中温度的垂直分布有三种类型：温度随高度递减，一般出现在晴朗的白天风不太大时；温度随高度递增，这种现象一般出现在少云、无风的夜晚；温度随高度基本不变，这种情况常出现于多云天和阴天。

逆温是指大气上层温度高于下层的现象。它阻碍大气气流向上发展，对天气有一定影响。气温在垂直方向上的分布状况，主要受地面性质、季节、昼夜长短和天气条件变化影响。

9.3　大气边界层结构

大气边界层的一个重要特征就是热力作用导致的强烈的日变化。具体地说，白天和夜间的大气边界层结构有显著的不同。白天由于地表接收太阳辐射后被加热，边界层内的湍流运动使这些热量向上传递，空气处于不稳定层结状态，这时的边界层称为对流边界层，其厚度可达几百米甚至几千米；而夜间则相反，地面因长波辐射冷却后，热通量是向下的，空气处于稳定层结状态，这时的边界层称为稳定边界层或夜间边界层，厚度较低，只有两三百米。

图 9-1 是对流边界层和夜间边界层内的实测风速、温度分布，可见其结构是很不一样的。夜间稳定边界层与白天的对流边界层显著不同，特别地，夜间稳定边界层经常在很低的高度上出现较强的逆温，严重阻碍了物质和能量的扩散。因此，研究夜间逆温层的演变规律，尤其是确定逆温层顶的高度如何随时间演变，是大气边界层物理研究的一个重要课题。地表温度在昼夜之间有着很大的变化，晴朗的白天由于太阳辐射，地表温度升高，其温度比边界层大气温度还要高。晴朗的夜晚，因为地面降温比边界层大气降温快，所以地表温度通常比边界层大气的温度低。

在陆地上，边界层具有明显的结构，其发展具有日循环特点。其结构主要包括三部分：①混合层。混合层中的湍流通常是由对流驱动的，对流的成因包括温暖地面的热传递，以及云层顶的辐射冷却。②剩余层。在日落前半小时，热泡不再形成，早先在混合层中充分发展的湍流开始衰减，这样的气层即剩余层。③稳定边界层。随着夜晚的来临，剩余边界层的底部通过与地面接触而转变为稳定边界层。

　　大气边界层内的动力学特征明显（如图 9−1 所示）。近地表处，由于地表的摩擦力，紧接地面的地方，大气运动速度为零。随着高度的升高，摩擦力减小，风速增大。风随高度迅速增大的这一层称为埃克曼层。在这一层，风向随高度升高向右偏转，形成螺旋状，称为埃克曼螺旋。再往上，风进入自由大气，风速近似呈为地转风。

　　当风速垂向切变较大时，气流会变得不稳定，形成开尔文−亥姆霍兹（Kelvin-Helmholtz）不稳定。

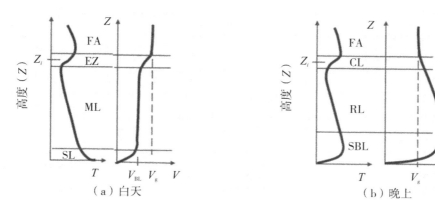

图 9−1　边界层内的温度与风速分布

ML：混合层；EZ：埃克曼层；FA：自由大气；SBL：稳定边界层；RL：剩余层；SL：表面层；CL：云层。改自 https://en.wikipedia.org/wiki。

9.4　海洋大气边界层

　　海洋上方，边界层厚度的时空变化相对较慢。由于海洋上部强的混合，海面温度日变化极小。一个缓慢变化的海面温度意味着一个缓慢变化的强迫力对边界层底的作用。大气环流通过海气边界层影响海洋环境的变化。

　　研究海洋大气边界层，有利于我们更好地研究海洋表层结构变化，有利于我们更深入地研究海洋天气尺度现象的发生及影响机制。海洋与大气边界层是人类在海洋上活动与生存的环境，对发生在海洋和大气边界层过程的预测预报更是直接关系到海洋开发与利用、海洋灾害应对和海洋安全，故对其预测技术的发展涉及国防安全，是世界沿海国家所关注的焦点之一。海洋与大气相互作用的媒介就是海洋大气边界层（海面以上1 000 m 左右的近海气层），它是海洋与大气相互作用的纽带。因此，了解海洋边界层的风速、温度、湿度的性质及规律，对海洋环境数值预报具有重要的意义。

9.4.1 海洋大气边界层的日变化特征

海洋大气边界层存在日变化。由于海洋的热力学特性，海洋上的大气混合层的日变化不像陆地上那样明显，但是仍然可以看出大气边界层的日变化。以南海为例，研究表明，在南海大气边界层日变化中起重要作用的是太阳短波辐射，海表温度的日变化影响比较微弱。海洋仅仅提供了一个稳定的下垫面加热场及水汽提供场，而太阳短波辐射的日变化造成了海洋大气边界层显著的日变化。在季风爆发前后南部的边界层结构比较稳定，整个低层大气水汽平均日变化比较大，季风爆发后日夜水汽差异减小。季风爆发后比季风爆发前水汽含量明显降低 $1 \sim 2 \text{ g} \cdot \text{kg}^{-1}$；而南海北部，在边界层内，水汽日夜差异比较小，边界层以上至高层大气，季风爆发前日平均水汽差异显著，季风爆发后性质比较均一，差异较小（如图 9-2 所示）。季风爆发后比季风爆发前水汽含量明显升高 $1 \sim 2 \text{ g} \cdot \text{kg}^{-1}$。比较南北之间的差异：季风爆发前低层水汽含量日变化南部大于北部，季风爆发后整层水汽含量日变化南部大于北部。季风爆发前水汽含量在南海南部比北部高 $1 \sim 2 \text{ g} \cdot \text{kg}^{-1}$，季风爆发前后均是南海南部的边界层明显比北部深厚。统计得出，虚位温平均日变化为 $0.5 \sim 1.0$ K，比湿平均日变化为 $0.2 \sim 0.8 \text{ g} \cdot \text{kg}^{-1}$。

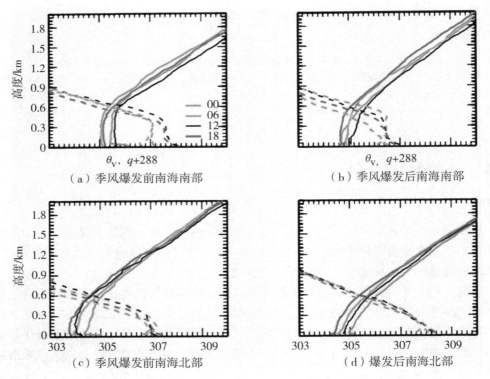

图 9-2　虚位温（θ_v）和比湿（q）垂直剖面图合成场

注：实线代表虚位温（单位：K），虚线代表比湿 +288（单位：$\text{g} \cdot \text{kg}^{-1}$）。红色线代表 00 GMT，绿色代表 06 GMT，黑线代表 12 GMT，蓝线代表 18 GMT。引自于晓丽，2009 年。

南海边界层的日变化受到季风变化影响。南海南部平均边界层高度（如图 9 - 2 所示），在中午（06 GMT）时分，太阳辐射比较强盛的时候，边界层发展深厚；南海北部，在季风爆发前有规则的日变化，其方差较小。而在季风爆发后，这种日变化趋于消失，其方差变大。季风爆发后云量的增多，削弱了南海的边界层厚度的日变化。

9.4.2　天气过程对海洋大气边界层结构的影响

除受到太阳辐射等影响，台风、海雾、海洋锋面、上升流等天气过程也会影响大气边界层结构特征。下面以南海为例，介绍一些天气尺度过程对海洋大气边界层的影响。

研究表明，台风来临之前南海大气边界层结构混合层高度为 600 m，在边界层内有一个深厚的混合层，而台风过境后，大气边界层出现很多个混合层，并对应着很多个逆温层，整层的水汽含量也比台风来临之前大。海雾对大气边界层也会有影响。2007 年 8 月，中国科学院南海海洋研究所在南海东北部观测到一次典型海雾过程对海洋大气边界层的影响。在海雾发生时，大气边界层底层有一个浅的混合层：高度在 200 m 左右，空气中水汽含量为 $18 \sim 20$ g · kg^{-1}，水汽含量随高度逐渐降低。

海洋上层结构对海洋大气边界层也有重要影响。海洋上层热量会影响大气边界层的变化，大气边界层特征主要对海表面温度反应明显，暖水区会引起表层风速增加，而冷水区风速减小。比如，跨越锋面区域的大气边界层结构变化剧烈，暖水温区域海表面温度对大气边界层加热明显，并显著抬升大气边界层高度，而在非锋面区域，大气边界层结构的空间及时间变化都不明显；在上升流区域，混合层高度较低，在粤东上升流区，混合层高度低于 500 m，而在周边区域，混合层高度高于 500 m。海洋中尺度涡旋，因为其温度与周围水体温度有差异，所以也会引起表层风速的变化，进而引起大气边界层特征与周边水体有差异。

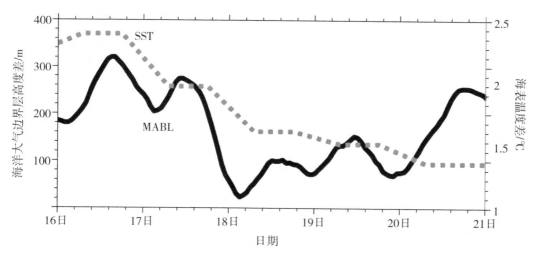

图 9 - 3　2013 年 4 月航次期间暖水区与冷水区海表面温度差（SST）与海洋大气边界层高度差（MABL）

注：引自 Shi 等，2017 年。

参考文献：

[1] 于晓丽. 南海天气尺度过程的海洋大气边界层特征分析 [D]. 广州：中国科学院南海海洋研究所, 2009.

[2] CHELTON D. Ocean-atmosphere coupling：Mesoscale eddy effects [J]. Nature Geoscience, 2013, 6 (8)：594 – 595.

[3] CHOW C H, LIU Q. Eddy effects on sea surface temperature and sea surface wind in the continental slope region of the northern South China Sea [J]. Geophysical Research Letters, 2012, 39 (2)：L02601.

[4] SMALL R J, DESZOEKE S P, XIE S P, et al. Air-sea interaction over ocean fronts and eddies [J]. Dynamics of Atmospheres and Oceans, 2008, 45 (3/4)：274 – 319.

[5] SHI R, CHEN J, GUO X, et al. Ship observations and numerical simulation of the marine atmospheric boundary layer over the spring oceanic front in the northwestern South China Sea [J]. Journal of Geophysical Research Atmospheres, 2007, 122 (7)：3733 – 3753.

第 10 章　海洋气象数值预报基础

海洋和大气之间的相互作用，包括影响、响应及反馈，对全球和区域的气候和环境变化具有指示性。另外，海洋里有台风、海雾等气象灾害，也有风暴潮、污染物扩散等海洋灾害。海洋气象数值预报为灾害预警提供了客观指导和技术支持。

从 20 世纪 80 年代开始，美国就开始建立全球预报模式，后来得到全面发展。最基础的气象模型主要有 WRF（weather research and forecasting）、RAMS（regional atmospheric modeling system）和 MM5 等气象模式，海洋模型主要有 POM（princeton ocean model）、HAMSOM（hamburg shelf ocean model）和 HYCOM（hybird coordinate ocean model）等。海气耦合模式就是在大气模式和海洋模式基础上，加入耦合器搭建的模型，如 FVCOM（finite-volume coastal ocean model）、ROMS（regional ocean model system）和 FOAM（fast ocean atmosphere model）等。此外还有很多其他的耦合模型，这里就不一一列举了。我国的数值预报模型主要有中国科学院大气物理研究所自主研发的全球海洋环流模式 LICOM（LASG/IAP climate system ocean model）和中国气象科学研究院自主开发的 GRAPES（global/regional assimilation and prediction enhanced system），这两种模型均能开展台风预报、海浪预报等业务。本章主要在前几章的基础上介绍海洋气象模型理论基础。

10.1　海洋 – 大气数值理论方程

10.1.1　Naiver-Stokes 方程

大气与海洋的运动是复杂的，但是其运动始终都要遵循基本的物理定律。而描述其基本运动规律的方程则为 Naiver-Stokes 方程。在大气海洋中运用的是经过修正的 Naiver-Stokes 方程，关键的差异在于引入了地球的地转效应以及球面的薄层近似。另外，大气海洋区别于其他流体的特征在于其存在多种热力学示踪要素，即温度和盐度（海洋），以及状态方程的高度非线性化。为了描述 Naiver-Stokes 方程，我们可以从以下几个基本原理进行阐述。

10.1.1.1　质量守恒

质量是不生不灭的，无论经过怎样的运动变化，物质的总质量是不会发生改变的，这个普遍的规律叫作质量守恒定律。但是，当物体的运动速度接近光速以及在微观的原子核反应中，质量和能量是相互转化的，此时，质量不再守恒。但是，在大气与海洋宏观运动的范畴内，运动速度远小于光速，质量守恒定律完全成立。

（1）连续方程。将描述大气海洋运动中质量守恒的公式称为连续方程，即

$$\frac{\mathrm{d}\rho}{\mathrm{d}t} + \rho\nabla u = 0 \tag{10.1}$$

其中，$\mathrm{d}/\mathrm{d}t = \partial/\partial t + u\cdot\nabla$ 为全导数，ρ 是密度，u 是三维速度，$\nabla = \partial_x + \partial_y + \partial_z$ 是拉普拉斯算子。该公式的物理意义就是流体微团在运动过程中质量的变化（$\frac{\mathrm{d}\rho}{\mathrm{d}t}$）等于流出该微团表面的质量（$-\rho\nabla u$）。

（2）不可压缩近似。对于不可压缩流体，$\frac{\mathrm{d}\rho}{\mathrm{d}t}=0$，此时连续方程变为

$$\nabla u = 0 \tag{10.2}$$

在这种情况下，流体微团的密度、质量、体积在运动过程中是不改变的，这说明不可压缩流体的速度场是无源场。

由于大气海洋流体（尤其是海洋）可压缩性比较差，为了节约计算资源以及简化模式设计，目前大多数大气海洋模式采用了不可压缩近似。不可压缩近似本质上遵守的是体积守恒原则，对于大尺度环流的模拟影响不大。但是，随着模拟精细化程度越来越高，其弊端越发显著：首先，不可压缩近似破坏了质量守恒原则，在区域以及全球物质能量收支的评估中会产生误差；其次，目前的观测多数描述的是单位质量流体的要素特征，因此在同化过程中会产生一定的误差。

10.1.1.2 动量守恒

流体的运动方程是建立在动量定理也就是动量守恒的基础上的。因此，流体微团中流体动量的变化率等于作用在该微团上的质量力和面力之和。若以 F 表示质量力（也就是重力），P 表示该流体微团表面上的应力张量，则运动方程为

$$\rho\frac{\mathrm{d}u}{\mathrm{d}t} = \rho F + \nabla P \tag{10.3}$$

其中，$\rho\frac{\mathrm{d}u}{\mathrm{d}t}$ 表示单位体积上的惯性力，ρF 表示单位体积上的质量力，∇P 表示单位体积上的应力散度。

（1）本构方程。将描述应力张量和变形速度张量之间关系的方程称为本构方程，即

$$P = -pI + 2\mu\left(S - \frac{1}{3}I\nabla u\right) \tag{10.4}$$

其中，p 表示运动流体压力函数，它不等于静止流体的压力函数，但是当运动静止时，它近似等于静止流体的压力函数；I 是单位二阶张量；μ 是动力学粘性系数；S 是速度变形张量，

$$S = \begin{bmatrix} 2\frac{\partial u}{\partial x} & \frac{\partial v}{\partial x}+\frac{\partial x}{\partial y} & \frac{\partial w}{\partial x}+\frac{\partial u}{\partial z} \\ \frac{\partial v}{\partial x}+\frac{\partial x}{\partial y} & 2\frac{\partial v}{\partial x} & \frac{\partial w}{\partial y}+\frac{\partial v}{\partial z} \\ \frac{\partial w}{\partial x}+\frac{\partial u}{\partial z} & \frac{\partial w}{\partial y}+\frac{\partial v}{\partial z} & 2\frac{\partial w}{\partial x} \end{bmatrix}.$$

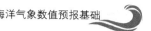

式（10.4）也称广义牛顿公式，凡是符合该公式的流体都称为牛顿流体，否则称为非牛顿流体。大气与海洋是牛顿流体。μ 是分子尺度的流体粘性，在目前的模式空间分辨范围内，其影响几乎可以忽略，因此，在大气海洋的数值模式中一般都不考虑这种粘性应力。

（2）Boussinesq 近似。为了简化动量方程，引入 Boussinesq 近似，假定密度扰动的量级要远小于基本态。也就是说，在动量方程中部分考虑密度的影响，即只保留与重力耦合的密度扰动项；在连续方程中忽略密度扰动的影响；在热力方程中保留密度扰动的影响。

（3）静力近似。无论是大气还是海洋，流体微团运动的水平速度要远大于垂直速度。因此，在平衡状态的垂向动量方程中存在重力和垂向压强梯度力之间的平衡，也就是流体静力近似：

$$0 \approx -\frac{1}{\rho_0}\frac{\partial \rho}{\partial z} - \frac{g\rho}{\rho_0} \tag{10.5}$$

其中，ρ_0 是大气或海洋平均密度，g 是重力加速度。此外，相对于平均流体静力状态的扰动也是满足流体静力近似的。

为了简化数值模式的设计与计算，大多数大气海洋模式均以流体静力近似代替垂向的动量方程。这种近似在模拟大、中尺度过程中是完全成立的，但是在次中尺度、小尺度的模拟应用中不再适用。大气的区域模式（如 WRF 模式）已经采用了非静力构架，海洋模式相对于大气模式的发展略有滞后，但非静力模块的开发与应用也有较为快速的发展，如 MITgcm。

（4）薄层近似。对于大气，其有效厚度为几十千米，而对于海洋，平均深度只有几千米，远远小于地球的半径，因此可以取

$$r = R + z \approx R \tag{10.6}$$

其中，R 是地球的半径。在球坐标运动方程，当 r 位于分母的时候，可以用 R 来替代 r，这种替代是相当精确的，这一近似被称为薄层近似。

（5）简化后的运动学方程。在采用静力近似后，垂向方程被静力近似替代，但为了满足机械能守恒，水平方向上的垂向速度取为零。为了进一步保证绝对角动量守恒，需要进行薄层近似。

最后，不考虑摩擦力的球坐标动量方程应为

$$\frac{\mathrm{d}u}{\mathrm{d}t} - \frac{uvg\varphi}{R} - fv = -\frac{1}{\rho_0}\frac{\partial p}{R\cos\varphi\partial\theta} \tag{10.7a}$$

$$\frac{\mathrm{d}v}{\mathrm{d}t} - \frac{u^2 tg\varphi}{R} - fu = -\frac{1}{\rho_0}\frac{\partial p}{R\partial\varphi} \tag{10.7b}$$

$$0 = -\frac{1}{\rho_0}\frac{\partial p}{\partial z} - g \tag{10.7c}$$

其中，f 是科氏参数，(θ, φ, z) 是纬向、经向和垂直坐标。

10.1.1.3　热量守恒

热量守恒方程是基于热力学第一定律建立的，即单位质量流体热量的变化等于单位质量流体内能的增加以及流体因膨胀对外界做的功。若系统中没有内热源，并且不考虑

分子粘性，则温度方程可以写成

$$\rho C_p \frac{\mathrm{d}T}{\mathrm{d}t} - \beta T \frac{\mathrm{d}p}{\mathrm{d}t} = \nabla(\rho C_p \kappa_T \nabla_T) \tag{10.8}$$

其中，C_p 是定压比容，$\beta = -\frac{1}{\rho}\left(\frac{\partial p}{\partial T}\right)_p$ 为热膨胀系数，κ_T 为分子热扩散系数。$\frac{\mathrm{d}p}{\mathrm{d}t}$ 依赖于状态方程，但是在大气海洋中引入不可压缩假定后，该项为零。

10.1.1.4　状态方程

对于单位质量的理想气体，其状态方程形式为

$$pV = nRT \tag{10.9a}$$

或者

$$pM = \rho RT \tag{10.9b}$$

其中，p 为理想气体压强（Pa），V 为气体体积（m^3），n 为气体的物质的量（mol），T 为温度（K），M 为摩尔质量（$kg \cdot mol^{-1}$），ρ 为密度（$kg \cdot m^{-3}$），R 是理想气体常量（又称普适气体恒量），对于任意理想气体，$R = 8.317\ J \cdot mol^{-1} \cdot K^{-1}$。方程（10.9a）和方程（10.9b）是流体力学中经常采用的形式，也称克拉伯龙方程。

由于大气中存在水汽的相变，因此在状态方程中引入虚位温 $T_v = (1 + 0.61q)T$，其中 q 为比湿。而在海洋中，由于存在盐度，因此状态方程是一个关于位势温度、盐度和压强的复杂非线性函数。目前应用比较广的是 UNESCO 状态方程，它的计算结果更为准确，并且能够用于深海高压力条件。

10.1.1.5　水汽方程

大气中的水汽存在相变过程，为考虑这一变化过程，在大气模式中需要考虑水汽质量方程：

$$\frac{\partial q}{\partial t} + u \nabla q = S_q \tag{10.10}$$

其中，q 为比湿，S_q 表示每单位体积中的水汽源或汇。

10.1.1.6　盐度方程

海洋区别于大气的地方在于盐度（S）的存在，这种情况下，海水状态方程必须考虑这种关系，也就是 $\rho = \rho(T, S, P)$，并且需要考虑盐度守恒方程：

$$\frac{\mathrm{d}S}{\mathrm{d}t} = \nabla(\kappa_S \nabla S) \tag{10.11}$$

其中，κ_S 是盐度的分子扩散系数。

10.1.2　数值计算方法

为求解 10.1 节中所包含的方程组，需要利用计算机进行数值计算。海洋 – 大气模式主要用到的数值计算方法在下面列出。

10.1.2.1　差分方程

将连续的时间和空间进行离散，用差分代替微分，得到逼近微分方程的有限差分方程，或称差分方程。

以平流方程为例：

$$\frac{\partial u}{\partial t} + c\frac{\partial u}{\partial x} = 0 \tag{10.12}$$

其中，u 是速度，c 是平流速度。用（Δx，Δt）表示空间和时间的距离，（x_j，t_n）代表在第 j 格网格，第 n 个时间，将 u 进行泰勒展开可以得到：

$$u(x_{j+1}, t_n) = u(x_j, t_n) + \Delta x \cdot u_x \big|_{x_j}^{t_n} + \frac{1}{2}\Delta x^2 \cdot u_{xx} \big|_{x_j}^{t_n} + o(\Delta x^3) \tag{10.13a}$$

$$u(x_{j-1}, t_n) = u(x_j, t_n) - \Delta x \cdot u_x \big|_{x_j}^{t_n} + \frac{1}{2}\Delta x^2 \cdot u_{xx} \big|_{x_j}^{t_n} + o(\Delta x^3) \tag{10.13b}$$

$$u(x_j, t_{n+1}) = u(x_j, t_n) - \Delta t \cdot u_t \big|_{x_j}^{t_n} + \frac{1}{2}\Delta t^2 \cdot u_{tt} \big|_{x_j}^{t_n} + o(\Delta t^3) \tag{10.13c}$$

$$u(x_j, t_{n-1}) = u(x_j, t_n) - \Delta t \cdot u_t \big|_{x_j}^{t_n} + \frac{1}{2}\Delta t^2 \cdot u_{tt} \big|_{x_j}^{t_n} + o(\Delta t^3) \tag{10.13d}$$

由式（10.13a）减去式（10.13b），得 $u(x_{j+1}, t_n) - u(x_{j-1}, t_n) = 2\Delta x \cdot u_x \big|_{x_j}^{t_n} + o(\Delta x^3)$。同样地，式（10.13c）减去式（10.13d），得 $u(x_j, t_{n+1}) - u(x_j, t_{n-1}) = 2\Delta t \cdot u_t \big|_{x_j}^{t_n} + o(\Delta t^3)$。代入方程（10.12）中，得

$$\frac{u(x_j, t_{n+1}) - u(x_j, t_{n-1})}{2\Delta t} + c\frac{u(x_{j+1}, t_n) - u(x_{j-1}, t_n)}{2\Delta x} = o(\Delta t^3 + \Delta x^3)$$

$$\tag{10.14}$$

方程（10.14）就是逼近偏微分方程（10.12）的差分方程。当然，偏微分方程的差分形式不止一种，可以有多种不同性质的差分方程，而方程（10.14）就是比较常用的中心差分格式，容易看到该格式在空间和时间上均是两阶精度。

10.1.2.2　截断误差

截断误差是指将微分方程的真实解带入差分方程中所产生的偏差。要求解一个差分方程的截断误差，只需要把原微分方程的一个充分光滑的解代入差分方程，再进行泰勒级数展开就可以了。最后可以将截断误差写成 $o(\Delta x^q, \Delta t^p)$，其中空间是 q 阶精度，时间是 p 阶精度。精度越高，差分格式所求的结果与真实值之间越接近。

10.1.2.3　数值格式的收敛性、一致性和稳定性

判断差分方程"适定性"的是下面三条重要的性质。

（1）收敛性：当（Δx，Δt）趋近零时，若差分方程的解趋近于偏微分方程的解，则称差分方程具有收敛性。

（2）一致性：当（Δx，Δt）趋近零时，若差分方程趋近于偏微分方程，则称差分方程具有一致性。

（3）稳定性：当时间趋于无穷时，若差分方程解的增长存在上界，则称差分方程具有稳定性。

一个差分方程要同时满足上面三个条件才能算是一个合格的差分方程。

10.1.2.4　Lax 等价定理

Lax 等价定理是指给定一个适定的线性初值问题，如果逼近它的差分格式是和它一致的，那么差分格式的收敛性是差分格式稳定性的充分且必要条件。证明差分格式的收敛性是非常困难的，但是一致性和稳定性却易于分析。当截断误差能够趋近于零时，差

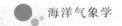

分格式的一致性便能够证明。一般情况下，我们主要分析差分格式的稳定性问题，一旦稳定性得到，那么该差分格式便能够用来计算偏微分方程。

10.1.2.5　Von Neumann 方法

Von Neumann 方法是分析差分方程稳定性最常用且最容易实现的方法。该方法是建立在傅里叶级数展开的基础上的。某一变量可以写成 $A(x, t) = a(t)e^{ikx}$（其中 $i^2 = -1$，i 是虚数单位），差分格式可以写成 $a((n+1)\Delta t) = \lambda a(n\Delta t)$，其中 λ 称为放大因子，当 $|\lambda| \leqslant 1 + c\Delta t$ 时，差分格式具有稳定性；若 $|\lambda| < 1$，则差分格式的解是严格衰减的；若 $|\lambda| = 1$，则差分格式的解是中性守恒的。可以归纳为：

$$|\lambda| \begin{cases} < 1 & （衰减格式） \\ = 1 & （守恒格式） \\ > 1 & （不稳定格式） \end{cases} \tag{10.15}$$

10.1.2.6　常用差分格式

（1）两层时间格式。

欧拉前差：$u^{n+1} = u^n + \Delta t F^n$。

欧拉后差：$u^{n+1} = u^n + \Delta t F^{n+1}$。

梯形格式：$u^{n+1} = u^n + \dfrac{1}{2}\Delta t (F^n + F^{n+1})$。

由于只是用到了两个时间层上的信息，因此称之为两层时间格式。欧拉格式采用的是单侧近似，精度为一阶（$o(\Delta t)$），梯形格式采用的是中心近似，精度为二阶（$o(\Delta t^2)$）。欧拉前差只用到了已知的变量信息，也称显式格式，欧拉后差以及梯形格式的右端项中用到了未知的 $(n+1)\Delta t$ 层上的信息，也称隐式格式。隐式格式有能够获得时间步长不受限制的优势，但在实际应用中会产生非常大的计算量，并且由于其他误差来源的限制，时间步长并不能真正地无限制扩大，因此，一般只是在一些对稳定性有苛刻要求的应用中才会使用隐式格式。

（2）三层时间格式。

蛙跳格式：$u^{n+1} = u^{n-1} + \Delta t F^n$。

Adams-Bashforth 格式：$u^{n+1} = u^n + \Delta t \left(\dfrac{3}{2}F^n - \dfrac{1}{2}F^{n-1} \right)$。

三层时间格式通过运用 $(n-1)\Delta t$ 层上的信息获得了二阶精度的性质。当然，三层时间格式会引入计算模态，这在误差来源中会详细叙述。

10.1.2.7　分离算法

三维动量方程中包含各种尺度的运动过程，不同性质的运动过程对时间步长的要求不同，传播得越快，对时间步长的要求越苛刻。为了节约计算资源，可以将不同运动进行分离，对不同过程采用不同的时间步长，然后再进行耦合，这种计算方式称为分离算法。这种算法广泛应用于多种数值模式中。由于篇幅所限，本文不对这部分进行详细的展开叙述。

10.1.2.8　误差来源

用差分方程来替代偏微分方程进行求解，必然会引入许多误差，主要的误差来源可以分为以下几类。

（1）相位误差。差分方程不仅会对真实解的振幅有所衰减，同时计算得到的结果相对于真实解的相位也会有所滞后或者超前，这便是普遍存在于各种差分格式中的相位误差。以平流方程（10.12）为例，时间采用蛙跳格式，空间仍然采用偏微分的形式，引入平流方程的通解 $u(x,t) = \exp[ik(x-ct)]$，则有 $u_k^{n+1} = u_k^{n-1} - 2i(kc\Delta t)u_k^n = u_k^n \exp(-i\theta)$，其中 $\sin\theta = kc\Delta t$。那么，实际的相位变化是 $-kc\Delta t$，而差分格式的相位增量是 $-\theta = -\sin^{-1}(kc\Delta t)$。当 $|kc\Delta t| \leqslant 1$，可以通过级数展开得到 $-\theta = -(kc\Delta t) - \dfrac{(kc\Delta t)^3}{6} + o(\Delta t^5)$，因此，差分方程计算的结果相对于真实结果会产生相位误差 $\Delta\delta = -\theta + kc\Delta t = -\dfrac{(kc\Delta t)^3}{6} + o(\Delta t^5)$，也就是计算结果会滞后真实解。

（2）频散误差。频散误差同样是与相位误差紧密联系在一起的。在差分格式计算过程中，由于差分方程的应用而导致的原有频散关系的改变称为频散误差。同样以平流方程（10.12）为例，真实解中的频散关系为 $\omega = kc$，其中 ω 是频率，因此，相速度与群速度是相同的常数 c，也就是非频散波。同样，上面的半差分格式的结果可以得到 $\omega = kc - \dfrac{(kc)^3\Delta t^2}{6} + o(\Delta t^4)$，可以看到相速度不再是常数，而是关于波速的函数。同样，相速度和群速度也不再相等，因此计算得到的结果不再是非频散波，而是频散波。频散误差在差分方程中与相位误差一样是难以避免的，在一些实际应用中可以交替使用不同频散误差的格式（衰减和增速），以达到相互抵消的作用，从而减小频散以及相位误差。

（3）计算模态。对于多层时间差分格式，往往会产生计算模态，这完全是人为的结果而非物理解，这种模态即为计算模态。例如，在蛙跳格式中，可以很容易得到它的放大因子为 $\lambda = -i(kc\Delta t) \pm \sqrt{1 + (kc\Delta t)^2}$，当 Δt 趋于零时，$\lambda_1 = 1$ 是精确的物理解，但是 $\lambda_2 = -1$ 是与精确解完全相反的结果，这就是计算模态。如果不对计算模态进行处理，那么差分方程计算的结果很快就会发散，完全偏离真实解并且产生不稳定。一般情况下，为了抑制计算模态，会在差分方程积分过程中应用滤波器或者是交替使用其他具有快速衰减计算模态的差分格式，比如，蛙跳 - 梯形格式就是一种能够起到这种功能的差分格式。

（4）混淆误差（非线性不稳定）。差分方法是建立在有限空间间隔的网格基础上的，它能够分辨的最小波长是 $2\Delta x$。当方程中包含非线性作用时，会产生波长小于 $2\Delta x$ 的分量，但是差分网格是不能正确分辨的，而是把它错误地表达为某一种波长大于 $2\Delta x$ 的波动，而这种错误表达会使高波数分量中出现能量的伪增长，并且最终导致数值求解的不稳定。这种由于非线性导致的不稳定被称为混淆误差。

为了避免混淆误差的出现，一般在数值计算中周期性地进行滤波或者使用一种能够隐式过滤掉高波数部分的有限差分格式（例如 Lax-Wendroff 格式）。

10.1.2.9　守恒空间差分格式

如前面所讲，原始微分方程有一些保守的积分性质，也就是某些物理特征的全局守恒性。适当的差分方程应当保持其微分方程的这些物理特性，从而能够在一定范围内保持与微分方程的总体一致，并且构造守恒差分格式能够有效地抑制非线性不稳定的产生。

为了简化对守恒格式的描述，现以通量形式的平流方程为例：

$$\frac{\partial F}{\partial t} + \nabla \cdot (Fu) = 0 \tag{10.16}$$

其中，F 是任一标量函数。

（1）一次守恒形式。对方程（10.16）在一封闭空间或者具有周期边界条件的区域 S 内进行积分，则有

$$\frac{\partial}{\partial x}\int_S F\mathrm{d}S = -\int_S \nabla \cdot (Fu)\mathrm{d}S = 0 \tag{10.17}$$

也就是说，如果物理量 F 在区域 S 内的积分是守恒的，那么它对应的差分方程在区域 S 内进行求和也应当是守恒的。称能够保证这一性质的为一次守恒格式。

一种具有这种性质的空间差分格式是中心差分：

$$\frac{\partial F}{\partial x} + \frac{(Fu)_{i+1,j} - (Fu)_{i-1,j}}{2\Delta x} + \frac{(Fv)_{i,j+1} - (Fv)_{i,j-1}}{2\Delta y} = 0 \tag{10.18}$$

其中，$(\Delta x, \Delta y)$ 是空间网格的分辨率。该差分方程的空间格式具有二阶精度，并且能够保证一次守恒性质，证明过程略。

在实际应用中，一次守恒格式的计算稳定性是比较差的，因为虽然保证了物理量 F 平均值的守恒，但是难以保证其绝对值的无限增长。因此，我们需要构造二次守恒格式，或者是能量守恒格式。

（2）二次守恒形式。方程（10.17）两边同时乘以 F，然后在区域 S 内积分，由 $F\nabla \cdot (Fu) = F(F\nabla \cdot u + u \cdot \nabla F) = F^2\nabla \cdot u + \nabla \cdot (F^2 u) - F\nabla \cdot (Fu)$ 得

$$\frac{\partial}{\partial t}\int_S \frac{F^2}{2}\mathrm{d}S = -\int_S \frac{F^2}{2}\nabla \cdot u\mathrm{d}S = 0 \tag{10.19}$$

如果差分格式对区域内求和能够获得类似结果，那么称这种格式为二次守恒格式。二次守恒的一个差分格式为

$$\frac{\partial F}{\partial t} + \frac{(F_{i+1,j} + F_{i,j})(u_{i+1,j} + u_{i,j}) - (F_{i-1,j} + F_{i,j})(u_{i-1,j} + u_{i,j})}{4\Delta x}$$
$$+ \frac{(F_{i,j+1} + F_{i,j})(v_{i,j+1} + v_{i,j}) - (F_{i,j-1} + F_{i,j})(v_{i,j-1} + v_{i,j})}{4\Delta y} = 0 \tag{10.20}$$

该差分格式保持了方程（10.19）的积分性质，证明过程略。

10.1.3 模式网格及坐标

10.1.3.1 水平网格

水平网格上物理变量的不同配置能够获得不同的数值计算性能。比较常用的是 Arakawa 网格，一共有五种配置方式（如图 10-1 所示），比较常用的是前三种（A、B、C 网格）。

差分格式引起的误差前面已经分析，水平网格的选取同样会引入不同的误差。以惯性重力波为例，A、B、C 三种网格计算的波动频率都会偏低，但是 B 网格在谱空间上具有最大的范围的"高精确度区域"。同样地，群速度的计算也是偏低的。不同空间分辨率，网格引入的误差同样会不同，总体而言，B 网格更适用于低分辨率，C 网格更适

118

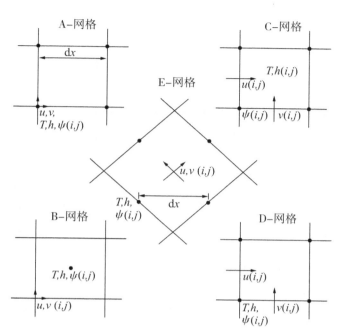

图 10 - 1　水平网格以及变量的分布

注：引自 Dale & Aike, 2000 年。

用于高分辨率（这里的分辨率是相对于罗斯贝变形半径而言）。

10.1.3.2　地图投影

在实际天气分析与预报中，观测到的气象要素要绘于平面图上，而数值天气预报往往需要依据地图上的气象要素在地图上进行天气预报，因此在数值求解大气运动方程组时，通常需要把方程组转换到地图投影坐标系中。

（1）地图投影。地图投影就是按照一定的数学条件，将地球表面展绘于一张平面图上，或者把地球表面投影到一个简单的曲面之上，并且沿经线展开成为平面，得到平面图形。

（2）放大系数。放大系数是指投影地图上的距离与地球表面实际距离之间的比值，也称地图放大因子。

（3）正形投影。在正形投影面上，角度不发生变化，也就是投影后地球表面上任意两条交线的夹角保持不变，从而使地球表面上无限小的图形以相似的形式展绘于投影面上，并且在投影面上任意一点的各个方向上长度的放大或者缩小倍数均相等。这种投影方式没有角度误差，但是有面积误差。常用的正形投影有极射赤面投影、墨卡托投影以及兰勃特投影。

极射赤面投影的光源位于南极，投影面是一个与北纬 60° 相割的平面，也就是标准纬度，以这种方式获得的地图，其经线是一组由北极点向赤道的射线，而纬线是一组以北极点为中心的同心圆。这种投影在高纬度地区的形变较小，因此多用于极地地区天气图。

海洋气象学

墨卡托投影的光源在地球球心，投影面是一个与地球表面南北纬 22.5°相割的圆柱面，用这种方式获得的地图在低纬度地区的形变较小，因而一般用于热带地区天气图。

兰勃特投影的光源也位于地球球心，投影面是一个与地球表面相割于北纬 60°和 30°的圆锥面，圆锥面从北向南切割，反方向可以获得南半球的投影。该投影方式在中纬地区形变较小，因此一般用于中纬地区的地图投影。

（4）地图投影坐标系中各种算子的表达形式。

散度：$\nabla \cdot u = mn\left[\dfrac{\partial}{\partial x}\left(\dfrac{u}{n}\right) + \dfrac{\partial}{\partial y}\left(\dfrac{v}{m}\right)\right]$，其中 m 和 n 分别是 x 方向和 y 方向的地图放大系数。

梯度：$\nabla F = m\dfrac{\partial F}{\partial x}\vec{i} + n\dfrac{\partial F}{\partial y}\vec{j}$。

旋度：$\nabla \times u = mn\left[\dfrac{\partial}{\partial x}\left(\dfrac{v}{n}\right) - \dfrac{\partial}{\partial y}\left(\dfrac{u}{m}\right)\right]$。

平流项：$u \cdot \nabla F = mu\dfrac{\partial F}{\partial x} + nv\dfrac{\partial F}{\partial y}$。

10.1.3.3　垂向坐标

前面我们推导的方程都是建立在 z 坐标系中，但是根据数值计算的实际需求以及大气与海洋运动的一些规律，可以引入其他形式的垂直坐标（s 坐标），从而获得一些独特的性质。当然，能够用作垂向坐标的物理要素，需要满足在垂向上是高度的单调函数这一条件。

（1）坐标转换。任意标量 F 在 (x, y, z, t) 和 (x, y, s, t) 坐标中有 $F = F(x, y, z, t) = F(x, y, s, t)$，并且 $z = z(x, y, s, t)$，$s = s(x, y, z, t)$，于是有

$$\frac{\partial F}{\partial z} = \frac{\partial F}{\partial s}\frac{\partial s}{\partial z} \tag{10.21}$$

同样地，有

$$\left(\frac{\partial F}{\partial x}\right)_s = \left(\frac{\partial F}{\partial x}\right)_z + \frac{\partial F}{\partial z}\left(\frac{\partial z}{\partial x}\right)_s \tag{10.22}$$

方程（10.21）减去方程（10.22），可以得到

$$\nabla_s F = \nabla_z F + \frac{\partial s}{\partial z}\frac{\partial F}{\partial s}\nabla_s F \tag{10.23}$$

$$\frac{\mathrm{d}}{\mathrm{d}t} = \left(\frac{\partial}{\partial t}\right)_s + u \cdot \nabla_s + \left[w_z - \left(\frac{\partial z}{\partial t}\right)_s - u \cdot \nabla_s z\right]\frac{\partial s}{\partial z}\frac{\partial}{\partial s} \tag{10.24}$$

上述方程中的下标 s 和 z 分别表示在 s 平面和 z 平面上。

在 s 坐标中，垂向速度是坐标 s 随时间的变化，也就是 $w_s = \dfrac{\mathrm{d}}{\mathrm{d}t} = \left[w_z - \left(\dfrac{\partial z}{\partial t}\right)_s - u \cdot \nabla_s z\right]\dfrac{\partial s}{\partial z}$，因此，全导数最终可以写成

$$\frac{\mathrm{d}}{\mathrm{d}t} = \left(\frac{\partial}{\partial t}\right)_s + u \cdot \nabla_s + w_s\frac{\partial}{\partial s} \tag{10.25}$$

（2）压力坐标。由静力学方程（10.5）可知，静水压是关于高度的单调函数，因此

120

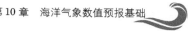

可以引入静水压，将其作为垂向坐标。这种坐标形式在大气模式中常用，一方面，模式结果可以直接用于等压面分析；另一方面，连续方程中密度不再出现，简化了模式设计。

利用上面的坐标转换可以得到压力坐标下的大气运动方程：

$$\frac{\mathrm{d}u}{\mathrm{d}t} = -\nabla_p \boldsymbol{\Phi} - f\vec{k} \times u + F \tag{10.26a}$$

$$\frac{\mathrm{d}\boldsymbol{\Phi}}{\mathrm{d}p} = -\frac{RT}{p} \tag{10.26b}$$

$$\nabla_p u + \frac{\partial \omega}{\partial p} = 0 \tag{10.26c}$$

$$\left(\frac{\partial}{\partial t} + u\frac{\partial}{\partial x} + v\frac{\partial}{\partial y} \right)_p \frac{\partial \boldsymbol{\Phi}}{\partial p} + \frac{C_\mathrm{a}^2}{p^2}\omega = -\frac{RQ}{c_p p} \tag{10.26d}$$

$$\frac{1}{\rho} = -\frac{RT}{p} \tag{10.26e}$$

其中，$\boldsymbol{\Phi} = gz$ 是重力位势，R 是气体常数，$C_\mathrm{a}^2 = a_* RT$，$a_* = \dfrac{\gamma_\mathrm{d} - \gamma}{g}$ 是静力稳定度参数，γ_d 为干绝热直减率。

压力坐标也有其自身的不足之处。一方面，下边界条件难以处理，在研究地形对大气影响的研究中并不适用压力坐标；另一方面，压力坐标采用了静力假定，因此该坐标系不适用于研究小尺度运动规律。

（3）随地形坐标。针对压力坐标中下边界条件难以处理的问题，提出了一种随地形坐标的概念，也就是 δ 坐标。如今，国内外的很多大气模式采用的都是 δ 坐标。

在 δ 坐标中，垂直坐标定义为

$$\delta = \frac{p - p_\mathrm{t}}{p_\mathrm{s} - p_\mathrm{t}} = \frac{p - p_\mathrm{t}}{p^*} \tag{10.27}$$

其中，p_t 是大气上界的气压，一般取为零，p_s 是地表面大气。虽然 $p_\mathrm{s} = p_\mathrm{s}(x, y, t)$ 是时空的函数，但是当 $p = p_\mathrm{s}$ 时，$\delta = 1$，当 $p = p_\mathrm{t}$ 时，$\delta = 0$。因此，在 δ 坐标中，大气上下界面被称为常值坐标面。同时，垂直速度 $\omega = \dfrac{\mathrm{d}\delta}{\mathrm{d}t}$ 在上下界面上恒等于零。

在 δ 坐标系中，上下边界条件非常简单，但是地形的问题并没有完全解决，而是把该问题转换到了压力梯度项的计算精度中。在 δ 坐标中，压力梯度变化成两个大量之间的小差，在陡峭地形中计算精度很难得到保证。在实际应用中要先对地形进行平滑处理，特别是地形陡峭的区域，要保证地形的充分光滑，因此在研究地形作用中会引入较大的误差。随着模式的发展，关于 δ 坐标中的压力梯度项的计算也提出了很多新的算法，比较简单的一个做法是利用异常值去计算，从而减小误差。

（4）密度坐标。大气与海洋大体上是在等密面上运动的，采用等密度坐标更加贴近大气海洋运动的自然属性，并且在这种坐标下，对平流项的数值表达不会引入流体穿越等密度面的误差，另外，穿越等密度面的混合可以作为一种约束形式加入方程。

在海洋中以位势密度作为垂向坐标，$z = \sigma_\theta$；而在大气模式中是以位温作为垂向坐

标，$z = \theta$。在密度坐标系统中，压力梯度项可以表达为

$$PG = -\nabla M \qquad (10.28)$$

其中，M 为蒙哥马利位势，在大气中 $M = c_p T + gz$，海洋中 $M = \dfrac{1}{g\sigma_\theta} \nabla p - \nabla z$。

　　密度坐标也有其局限性。一方面，在海洋中，采用单一的位势密度定义层结合确定斜压压强梯度在动力学上是不相容的，并且这个不能通过提高分辨率来解决；另一方面，由于在同一层内位势密度是守恒的，因此要计算混合增密效应在数值上非常复杂，并且需要很大的计算代价。由于密度坐标是流体的自然属性而不是几何描述，会发生等密面消失或出现的问题，因此就要对密度层趋于零的极限条件下特别处理平流项，并对非线性状态方程做重复估算，因而所需计算量也会增加。

10.1.4　参数化方案

10.1.4.1　分子粘性

　　分子粘性在距边界几毫米以内才重要，对海洋大气的流动和示踪物的扩散没有直接的影响，因此在数值模式中是不考虑分子粘性作用的。数值模式的耗散过程是通过 Reynolds 应力来实现的，或者称之为湍过程。虽然分子运动对海洋大气的运动和示踪物扩散没有直接影响，但是，真实海洋大气的动能以及能量的耗散以及海表风场驱动的过程都是通过分子粘性和扩散过程实现的。

10.1.4.2　Reynolds 应力

　　由于数值模式是通过离散方程替代微分方程，因此各物理量代表的是一段时间内的平均值。因此，实际物理变量表达为 $F = \bar{F} + F'$，其中 F 是物理变量的真实值，$\bar{F}$ 是 Δt 内的平均值，而 F' 是瞬时扰动值。在数值模式中能够表达的是平均值 $\bar{F}$，而 F' 是模式无法表达的。但是 F' 具有两个重要的性质，一个是 $\overline{F'} = 0$，另一个是 F' 本身也遵守运动方程。

　　在局地直角坐标系下，将 $F = \bar{F} + F'$ 代入无粘的原始动量方程并利用 F' 的两个性质，可以得到

$$\frac{\mathrm{d}\bar{u}}{\mathrm{d}t} - f\bar{v} = -\frac{1}{\rho_0}\frac{\partial \bar{p}}{\partial x} - \left(\frac{\partial \overline{u'u'}}{\partial x} + \frac{\partial \overline{u'v'}}{\partial y} + \frac{\partial \overline{u'w'}}{\partial z} \right) \qquad (10.29a)$$

$$\frac{\mathrm{d}\bar{v}}{\mathrm{d}t} + f\bar{u} = -\frac{1}{\rho_0}\frac{\partial \bar{p}}{\partial y} - \left(\frac{\partial \overline{v'u'}}{\partial x} + \frac{\partial \overline{v'v'}}{\partial y} + \frac{\partial \overline{v'w'}}{\partial z} \right) \qquad (10.29b)$$

$$\frac{\mathrm{d}\bar{w}}{\mathrm{d}t} = -\frac{1}{\rho_0}\frac{\partial \bar{p}}{\partial x} - \left(\frac{\partial \overline{w'u'}}{\partial x} + \frac{\partial \overline{w'v'}}{\partial y} + \frac{\partial \overline{w'w'}}{\partial z} \right) \qquad (10.29c)$$

方程右端最后括号内就是 Reynolds 应力张量，可以表达为

$$T = -\bar{\rho} \begin{bmatrix} \overline{u'u'} & \overline{u'v'} & \overline{u'w'} \\ \overline{v'u'} & \overline{v'v'} & \overline{v'w'} \\ \overline{w'u'} & \overline{w'v'} & \overline{w'w'} \end{bmatrix} = \begin{bmatrix} \tau_{xx} & \tau_{xy} & \tau_{xz} \\ \tau_{yx} & \tau_{yy} & \tau_{yz} \\ \tau_{zx} & \tau_{zy} & \tau_{zz} \end{bmatrix} \qquad (10.30)$$

定义 $\tau_{ij} = -\overline{\rho u_i v_j}$ 为 Reynolds 应力，其中 $i, j = 1, 2, 3$，表示 x, y, z 三个方向，对角线元素代表的是平均湍动量通量，非对角元素代表的是剪切应力。在示踪物方程中同样会出现湍扩散项。

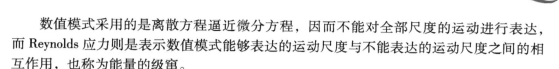

　　数值模式采用的是离散方程逼近微分方程，因而不能对全部尺度的运动进行表达，而 Reynolds 应力则是表示数值模式能够表达的运动尺度与不能表达的运动尺度之间的相互作用，也称为能量的级窜。

　　由于 Reynolds 应力的出现，大气海洋的方程变得不再闭合，为了对方程进行求解，必须要对 Reynolds 应力进行参数化，也就是寻找方程中能够表达的平均物理变量与扰动变量之间的关系。当然，这种关系是建立在实际的物理过程基础上的。

10.1.4.3　混合长理论

　　混合长理论的基本思想是湍涡在起始位置具有该位置上的平均物理属性，并且在湍涡运动过程中存在一个混合长度 l，湍涡只有移动一个混合长之后才会与四周混合，在此之前具有的物理属性不变。

　　根据混合长理论，容易得出扰动项与平均量梯度之间的线性关系为

$$F' = -l\frac{\partial \overline{F}}{\partial x} \tag{10.31a}$$

进而可以得到 Reynolds 应力的一阶闭合方案：

$$\tau_{ij} = -\overline{\rho u_i' v_j'} = A_{ij}\left(\frac{\partial \overline{u}_i}{\partial x_j} - \frac{\partial \overline{u}_j}{\partial x_i}\right) \tag{10.31b}$$

　　除了一阶闭合方案，也可以引入湍运动方程进行闭合，当然这会引入更高阶的扰动项，同样需要进行参数化。一阶闭合方案一般应用于水平混合的参数化，而高阶方案则更多地应用于垂向混合过程。

10.1.4.4　水平闭合方案

　　水平参数化方案的主要目的是保持数值格式计算的稳定性，因而其数值一般远大于湍流粘性，这就是所谓的"数值粘性"。常用的方案有常系数以及非常系数方案。

　　（1）常系数方案。调和方案是常用的水平参数化方案。

　　Laplacian 方案可以写成 $A\nabla^2 u$ 的形式，模式分辨率的不同 A 的取值也不同。一般情况下，分辨率越高湍流粘性系数越小，一个中等分辨率的海洋模式取值在 $10^3 \sim 10^5\ \text{m}^2 \cdot \text{s}^{-1}$ 之间。

　　Biharmonic 方案是四阶调和方案，$B\nabla^2(\nabla^2 u)$，其中 B 的取值在 $-10^{11}\ \text{m}^4 \cdot \text{s}^{-1}$ 左右。

　　水平粘性方案主要从计算稳定性的角度考虑，用于耗散积累在高波数频段的能量。

　　调和方案形式简单，并且具有尺度选择的特点，对可分辨尺度的耗散较小但是对次网格尺度的耗散大。Biharmonic 方案比 Laplacian 方案尺度选择性更强。对于高分辨率模式，Biharmonic 方案可以较好地体现部分中尺度涡谱，因此高分辨模式一般采用 Biharmonic 方案。但是，当最小波长与 Rossby 变形半径接近时，耗散过大。

　　（2）变系数方案。虽然常系数方案简单，但是实际海洋大气的湍流特征是非常不均匀的，为了刻画这一不均匀特征，采用变系数方案。变系数方案包括一些简单的方案，如在高纬地区将粘性减小，粘性系数与网格间距的立方成正比等。另一个比较常用的方案是 Smagorinsky 方案：

$$A = \lambda \Delta x \Delta y \sqrt{\left(\frac{\partial u}{\partial x} - \frac{\partial v}{\partial y}\right)^2 + \left(\frac{\partial u}{\partial y} + \frac{\partial v}{\partial x}\right)^2} \tag{10.32}$$

此方案将网格的大小与速度场之间的形变结合在一起，粘性系数在切边大的地方较大，例如边界流区域，而在内区则比较小。由于该方案与网格间距联系在一起，因此网格间距越小，粘性系数越小。λ 的取值一般在 0.05 ~ 0.2 之间。

10.1.4.5　垂向混合方案

垂向混合方案一般采用高阶闭合方法，其原因主要是海表混合层所独有的重要性和垂向混合过程的多样性。

（1）块体混合层方案。块体混合层方案是假定在混合层是充分混合的，也就是这个物理要素在垂向上是均匀分布，但是混合层与深水之间是不连续的。这种方案可以预报混合层深度以及热动力学示踪剂和惰性示踪剂的浓度。但是，这种方案与连续模式之间的耦合仍然不是很清晰，仍存在许多物理及数学问题。

（2）连续垂直混合方案。连续混合层方案应用了混合长理论和湍闭合方法，能够描述混合层的垂直结构，同时也考虑非局地作用，但是与块体混合层方案相比计算量会显著增加。

最后，作为总结，给出目前常用参数化方案的树型图，如图 10-2 所示。

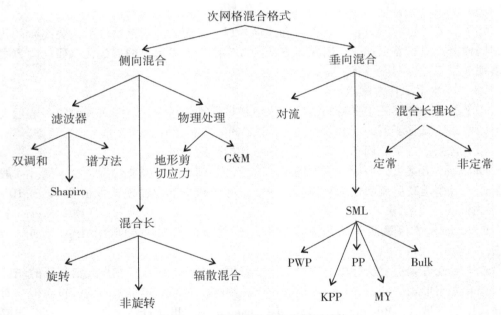

图 10-2　常用参数化方案树型结构

注：引自 Dale & Aike，2000 年。

10.2　海气耦合模型

10.2.1　海气相互作用特征

海洋与大气是不连续的流体介质，两者具有不同的密度、热容量等。作为气候系统，要充分考虑两者之间的相互作用，而作为海气耦合模式，要确定两者界面的边界条件。

大气与海洋之间的摩擦是海洋机械能的主要来源，也是大气机械能的汇，因此大气对海洋主要是动力影响。相对于大气，海洋具有较大的热容，其调整过程相对缓慢，因此具有较长的记忆时间，海气相互作用过程能够抑制大气中的高频信号，增强缓慢变异信号，从而增强气候的可预测性。

10.2.2　海气界面参数化

10.2.2.1　风应力参数化

在大气与海洋计算垂向湍流动量时，需要在界面之间提供边界条件，这个边界条件对于大气而言就是摩擦力，对于海洋而言就是风应力。物理意义就是大气由于海表摩擦作用失去的动量被用来驱动海洋环流。

目前常用的计算风应力的参数化方案是块体公式：

$$\tau_x = -\rho_a \overline{w'u'} = \rho_a C_d \sqrt{u_{10}^2 + v_{10}^2}\, u_{10} \tag{10.33a}$$

$$\tau_y = -\rho_a \overline{w'v'} = \rho_a C_d \sqrt{u_{10}^2 + v_{10}^2}\, v_{10} \tag{10.33b}$$

其中，ρ_a 是大气密度，(u_{10}, v_{10}) 是 10 m 高度上的风速，$\sqrt{u_{10}^2 + v_{10}^2}$ 一般称为摩擦速度，C_d 是拖曳系数，它取决于风速、下垫面粗糙度以及稳定度等，取值范围一般在 1×10^{-3} ～ 2.5×10^{-3}。

风应力的单位是 N/m² 或 dyn/cm²。当采用 N/m² 时，其数值一般在 0.1 左右；当采用 dyn/cm² 时，其数值一般在 1 左右。如果是单独运行海洋模式，10 m 风速的值一般是由观测或者其他再分析数据给出；当运行海气耦合模式时，10 m 风速则由大气模式分量给出。

10.2.2.2　湍流热通量和辐射通量

在不考虑平流项的情况下，海气界面之间的净热通量（ΔQ）是由四部分组成的，即短波辐射（Q_s）、长波辐射（Q_b）、潜热（Q_e）以及感热（Q_h），并有

$$\Delta Q = Q_s - Q_b - Q_e - Q_h \tag{10.34}$$

其中，潜热和热感通量是湍流热通量，在近地层湍流过程对于温度和湿度有显著贡献。垂向湍流温度通量就是感热通量，垂向湿度通量就是潜热通量。海面上的潜热通量来源于海水蒸发，总是海洋向大气输送热量，而感热则是由海气之间的温差决定。与风应力

参数化方案相似，潜热和感热通量同样也常采用块体公式：

$$Q_e = -\rho_a L_E \overline{w'q'} = \rho_a L_E C_E |u_{10}| [q_a - q_s(T_s)] \tag{10.35a}$$

$$Q_h = -\rho_a C_p \overline{w'T'} = \rho_a C_p C_T |u_{10}| (T_a - T_s) \tag{10.35b}$$

其中，T_a 和 q_a 分别是大气的温度和比湿，T_s 是海表温度，$q_s(T_s)$ 是在海表温度下的大气饱和比湿，$C_E \sim 1.2 \times 10^{-3}$ 和 $C_T \sim 1.0 \times 10^{-3}$ 是块体公式的常数，分别称为 Stantan 数和 Dalton 数，L_E 和 C_p 分别是大气的凝结潜热和定压比热。

长波辐射主要是地球辐射，来源于海洋（陆地）。大气辐射的能量一部分向上输送，另一部分向下输运，向下的称为大气逆辐射。大气逆辐射和海洋辐射之差为有效辐射，它是海洋与大气之间的净长波辐射。

海洋对于长波辐射具有不透明特征，也就是海洋吸收的长波辐射能量主要集中在表层，而其能量只能通过海洋的垂向动力过程向下输运。通常所用的经验公式为

$$Q_b = \varepsilon \sigma T_a^4 (0.39 - 0.05\sqrt{e_a})(1 - 0.6C^2) + 4\varepsilon\sigma T_a^3 (T_a - T_s) \tag{10.36}$$

其中，C 是总云量，$\varepsilon = 0.97$ 是海表比辐射率，σ 是斯特藩 – 玻尔兹曼常数，e_a 是水汽压。

短波辐射主要来源于太阳，是地球生物系统和气候系统的主要能源。相对于长波而言，短波对于海洋的穿透力比较强，特别是对于可见光谱，它能够穿透到 100 m 左右的深度。短波的穿透性为海洋生物提供了能源，并且可以直接加热次表层海水，影响海水垂向稳定性。短波辐射的经验公式为

$$Q_s = Q_s^{clear}(1 - 0.62C + 0.0019\beta)(1 - \alpha) \tag{10.37}$$

其中，Q_s^{clear} 是晴空条件下到达海表的短波辐射，α 是海表反照率（对于水面，$\alpha \sim 0.1$），β 是正午的太阳高度角。

当单独运行海洋模式时，热通量参数化公式中的大气变量是由观测提供，如果运行海气耦合模式，那么通量计算分别由海洋大气模式分量提供，而短波辐射则由大气的辐射参数化过程来计算。

10.2.2.3 淡水通量

淡水通量是表征海气之间重要物资交换的物理量。大气通过降水向海洋输入淡水，而海洋通过蒸发向大气输送水汽，因此反映淡水通量的量就是蒸发率与降水率之差（$E - P$）的通量。

如果单独运行海洋模式，需要提供海气之间的 $E - P$ 通量，但是由于大洋上的淡水通量观测非常匮乏，因此利用再分析资料估算的大洋上的淡水通量也是差异很大。而海表盐度受到淡水通量的显著影响，因此常将淡水通量转化成为"虚盐度通量"：

$$F_S = S_0(E - P) \tag{10.38}$$

其中，S_0 是大洋的参考盐度，一般 $E - P$ 具有速度量纲，因此该方法表示向下的盐度通量。但是此方法经常会引起盐度的飘逸，因此在实际运用中更多的是采用恢复边界条件：

$$F_S = \frac{\Delta z_1}{\tau_s}(S^{obs} - S^1) \tag{10.39}$$

其中，Δz_1 是表层厚度，τ_s 是恢复时间尺度，S^{obs} 是观测的海表盐度，S^1 是模式的表层

盐度。

如果是海气耦合模式，恢复边界条件将不能再用，而是将淡水通量处理为耦合系统的内部变量。

10.2.3　海气界面耦合器

10.2.3.1　耦合器

由于大气与海洋的差异性，大气和海洋模式都是独立开发的，而作为一个完整的气候系统，需要把大气和海洋同时考虑，也就是将不同子模式耦合起来。但是不同子模式由不同学科不同研究机构独立开发，并且编程标准、计算环境等各不相同，要把这些模式集合起来，最为便捷的方式是开发一个高度模块化的工具软件，也就是耦合器。所谓耦合器，就是用于连接各子模式构成一个完整的耦合模式并控制整个耦合模式系统积分的程序软件。

10.2.3.2　守恒性

耦合器所涉及的核心科学问题是模式系统的守恒，也就是总能量以及总质量的守恒。耦合器的一个重要功能是确保整个模式系统物质和能量的守恒，保证通量守恒是对耦合器的最基本要求。由于各子模式具有其独立的通量计算方案，如不对这些通量进行适当处理，则会导致系统物质和能量的不守恒，因此耦合器会对各子模式发送来的通量进行处理，而后在通量守恒的约束下重新分配给各子模式。

10.2.3.3　模块化

模块化发展是气候模式发展的主流方向。随着气候科学的不断发展，不仅是大气与海洋模式需要耦合，更多的子模式（如海冰、陆面等）需要被纳入气候模式系统。由于每个系统的专业方向并不一样，因此其开发与维护一般由不同专业方向独立完成。耦合器的使用能够使气候模式的不同模块快速便捷地耦合在一起。

整个耦合系统由若干独立的模块（大气、海洋、海冰、陆面等）构成，这些模块都是独立的程序，拥有各自的计算方案、时空分辨率，通过连接到耦合器整合成为一个完整的气候模式。

10.2.3.4　常用耦合器介绍

NCAR CCSM 耦合器。该耦合器是目前国际上发展比较成熟、应用比较广泛的耦合器之一。NCAR CCSM 是在最细的网格上计算不同子模式之间的界面通量，然后在守恒的插值到粗网格上面，用来保留细网格模式的分辨率信息，避免因通量计算中的非线性相互作用造成的通量在模式界面上的不守恒。该耦合器的主要功能包括：把 CCSM 分割成若干独立的子模式模块，每个子模式都是单独的程序，独立运行，彼此之间通过 MPI 交换数据；同步协调和控制各分量之间的数据流；在保证通量守恒的前提下，各子模式之间进行界面通量的通讯，需要时耦合器可以利用状态变量计算界面上的某些通量。NCAR CCSM 的主要特点为：系统分解和子模式的独立性；由耦合器控制模式运行和整个系统的时间积分；保证所有流经耦合器的表面通量守恒；一个通量场只在某一子模式中计算一次；在最合理的地方计算通量；允许子模式以不同分辨率进行耦合。

OASIS 耦合器。该耦合器由法国欧洲气候模拟和全球变化研究中心开发，并且是欧

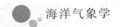

洲新一代气候模式"棱镜计划"的基础耦合器。主要功能有：控制耦合积分；通过四种可供选择的通讯技术交换信息；通量的守恒处理。但是，该耦合器本身不具备任何通量计算功能。主要特点有：同步地在各子模式与耦合器之间交换信息；子模式传递给耦合器的变量必须经过处理和转换，以使得接受这些变量的子模式能够直接读取和利用。

参考文献：

[1] 周天军，俞永强，宇如聪，等. 气候系统模式发展中的耦合器研制问题 [J]. 大气科学，2004，28（6）：993 – 1008。

[2] 沈桐立，田永祥，葛孝贞，等. 数值天气预报 [M]. 北京：气象出版社，2003.

[3] 吕美仲，侯志明，周毅. 动力气象学 [M]. 北京：气象出版社，2004.

[4] 吴望一. 流体力学 [M]. 北京：北京大学出版社，1982.

[5] 陆金甫，关治. 偏微分方程数值解法 [M]. 北京：清华大学出版社，1987.

[7] HAIDVOGEL D B，BECKMANN A. Numerical ocean circulation modeling [M]. London：Imperial College Press，1999.